中等职业教育改革发展示范学校建设项目成果教材

工业机器人工作站维护保养

广州市机电高级技工学校　组编

主　编　李　阳

参　编　张善燕　赖圣君

主　审　丁红浩

机械工业出版社

本书是根据国家中等职业教育改革发展示范学校建设计划精神，直面珠三角地区的产业升级，结合"工学结合"的教育理念，基于企业真实的工作过程而编写的。

全书共六个任务，主要内容包括工业机器人药品分拣工作站的保养、工业机器人数控车加工自动化工作站的保养、工业机器人激光打标工作站的保养、工业机器人火焰切割工作站的保养、工业机器人焊接工作站的保养和三向机器人工作岛的保养。本书通过这六个任务，让读者了解并掌握工业机器人工作站的维护保养的工作流程，从而达到能独立完成从设计维护保养到实施具体维护保养的一系列工作。

本书可作为中等职业学校机电一体化专业（工业机器人应用与维护方向）教材，也可供从事工业机器人应用与维护工作的工程技术人员参考。

图书在版编目（CIP）数据

工业机器人工作站维护保养/李阳主编；广州市机电高级技工学校组编. — 北京：机械工业出版社，2013.9（2024.8 重印）
ISBN 978-7-111-43818-2

Ⅰ. ①工… Ⅱ. ①李…②广… Ⅲ. ①工业机器人-应用-中等专业学校-教材②工业机器人-维修-中等专业学校-教材 Ⅳ. ①TP242.2

中国版本图书馆 CIP 数据核字（2013）

机械工业出版社（北京市百万庄大街 22 号　邮政编码 100037）
策划编辑：齐志刚　责任编辑：王莉娜　张云鹏
版式设计：霍永明
封面设计：路恩中　责任印制：单爱军
北京虎彩文化传播有限公司印刷
2024 年 8 月第 1 版第 8 次印刷
184mm×260mm · 8.5 印张 · 204 千字
标准书号：ISBN 978-7-111-43818-2
定价：26.00 元

电话服务　　　　　　　　　网络服务
客服电话：010-88361066　机　工　官　网：www.cmpbook.com
　　　　　010-88379833　机　工　官　博：weibo.com/cmp1952
　　　　　010-68326294　金　书　网：www.golden-book.com
封底无防伪标均为盗版　机工教育服务网：www.cmpedu.com

前　言

为认真履行示范校建设的教材建设职责，增强职业院校机电一体化专业工业机器人应用与维护方向人才培养的效果，全面落实"以就业为导向、以全面素质为基础、以能力为本位"的职业教育办学指导思想，提高工业机器人行业从业人员的综合职业能力，培养贴近工业机器人行业发展的高技能技术英才的要求，我们编写了此书。本书参考了国家中等职业教育改革发展示范学校建设的要求，依托国内外工业机器人应用行业的高新技术，深入分析工业机器人应用技术人员的职业资格，明确了工业机器人应用技术人才的培养目标。此外，本书还基于工业机器人工作站维护保养的职业行动，遵循了工学结合的教学理念，将代表性的工作转化为本书的任务，并通过工作页的形式加以呈现。

一、本书的特点

1. 任务的原型都是工业机器人应用技术行业中代表性的工作任务，对实际工作能力的培养起到明显的促进作用。

2. 所有任务完整地反映了工作过程。

3. 任务目标的设计着重培养学生的综合职业能力。

4. 所有任务均具有很强的操作性。

二、本书在内容处理上的几点说明

1. 建议安排 36 学时，具体分配如下。

任 务 名 称	建 议 学 时
工业机器人药品分拣工作站的保养	4
工业机器人数控车加工自动化工作站的保养	4
工业机器人激光打标工作站的保养	8
工业机器人火焰切割工作站的保养	8
工业机器人焊接工作站的保养	8
三向机器人工作岛的保养	4

2. 工学结合，通俗易学。注重工作过程在学习过程中的体现，注重实际工作在任务中的体现。内容安排由浅入深，贯彻"做中学，学中做"的教学理念，着重培养学生综合职业能力。

3. 配套齐全，可操作性强。本书配套了教学资源库，结合机器人工作站的实训设备，可进行书中的全部实训任务。

全书由广州市机电高级技工学校李阳主编并统稿。参加本书编写的还有广州市机电高级技工学校赖圣君和张善燕。全书由丁红浩主审。本书在编写过程中得到珠海汉迪自动化设备有限公司和国家工业机器人行业专家的大力支持，在此一并致谢！最后，还要感谢广州市教研室，广州市机电高级技工学校领导、研究所的大力支持，感谢工业机器人课题组全体成员的大力支持和指导。

由于编者的水平有限，本书所涉及的行业范围很广，书中疏漏，甚至是不当之处在所难免，敬请广大读者提出批评和修改意见。

编　者

目 录

任务一 工业机器人药品分拣工作站的保养

任务目标

1. 了解 FANUC 工业机器人药品分拣工作站的组成与工作原理。
2. 熟悉安全标识的含义和 FANUC 机器人操作的注意事项。
3. 了解日常保养维护保养卡的维护内容、保养时间和维护保养方法。
4. 在教师指导下，通过小组合作，制订 FANUC 工业机器人药品分拣工作站的日常保养工作流程。
5. 能够根据日常保养维护保养卡的维护内容，运用日常维护保养方法点检设备，准确记录异常信息。
6. 能够根据操作说明书，规范操作 FANUC 机器人，维护保养 FANUC 机器人视觉系统。
7. 能够完成药品分拣系统的维护保养工作，并进行记录、存档和评价反馈。

建议学时

4 学时。

内容结构

本任务的内容结构如图 1-1 所示。

图 1-1 内容结构

1

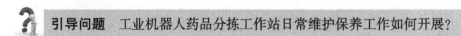

任务描述

根据维保卡的内容要求，使用通用工具或专用工具，按照规定的维护时间和有效的保养措施，制订工业机器人药品分拣工作站的日常保养流程，按时检查设备的安全性和稳定性，统计系统故障，更换耗材，对已完成的工作进行记录、存档并反馈给系统商。在工作过程中工作人员需自觉保证安全作业，遵守6S的工作要求。

第一部分　任务准备

一、接受任务

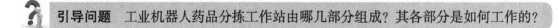

引导问题　工业机器人药品分拣工作站日常维护保养工作如何开展？

工业机器人药品分拣工作站如图1-2所示。在其保养过程中应严格按照日常维护保养表的内容和6S管理制度操作，做好异常信息记录和汇总。能对简单的异常进行处理，对不能处理的异常信息应及时与制造商沟通反馈。

二、熟悉系统

引导问题　工业机器人药品分拣工作站由哪几部分组成？其各部分是如何工作的？

1. 药品分拣系统主要由三部分组成，包括＿＿＿＿＿＿＿＿＿、＿＿＿＿＿＿＿＿＿、＿＿＿＿＿＿＿＿＿，请将图1-2中各编号对应的结构名称补充完整并归类填入表1-1中。

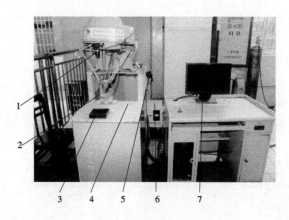

图1-2　工业机器人药品分拣工作站

表 1-1 工业机器人药品分拣工作站组成

组 成	序号对应结构名称
第一部分	
第二部分	
第三部分	

2. 在工业机器人药品分拣工作站中，机器人作为系统的载体，其最大运动速度是_____mm/s。图 1-3 所示为 FANUC M－1i 机器人电源变压器箱，该机器人正常工作的电源电压为_____V。图 1-2 所示机器人工作站是如何固定的？

_____

_____

图 1-3 工业机器人电源变压器箱

3. 如图 1-4 所示，FANUC 机器人本身自带视觉系统，视觉系统中摄像头的像素和机器人零点、_____的精度决定了药品分拣工作的定位精度。视觉系统中摄像头的像素越高，则机器人的工作精确度就越高吗？为什么？

_____

_____

_____

图 1-4 机器人视觉系统

4. 在机器人视觉系统中，计算机的作用是＿＿＿＿＿＿＿＿＿＿＿，如图1-5所示，机器人视觉系统的网址为＿＿＿＿＿＿＿＿；机器人和计算机是通过＿＿＿＿＿＿＿＿方式连接，工业机器人视觉系统的工作流程是什么？

＿＿＿＿＿＿＿＿＿＿＿＿＿＿＿＿＿＿＿＿＿＿＿＿＿＿＿＿＿＿＿＿＿＿

＿＿＿＿＿＿＿＿＿＿＿＿＿＿＿＿＿＿＿＿＿＿＿＿＿＿＿＿＿＿＿＿＿＿

＿＿＿＿＿＿＿＿＿＿＿＿＿＿＿＿＿＿＿＿＿＿＿＿＿＿＿＿＿＿＿＿＿＿

＿＿＿＿＿＿＿＿＿＿＿＿＿＿＿＿＿＿＿＿＿＿＿＿＿＿＿＿＿＿＿＿＿＿

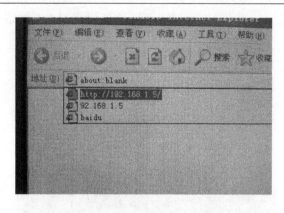

图1-5　机器人视觉系统的网址

5. 在工业机器人药品分拣工作站工作中，吸盘采用＿＿＿＿＿＿＿＿（气动/液压）方式吸取药品。系统的正常工作气压为＿＿＿＿＿＿＿＿MPa，气源是采用＿＿＿＿＿＿＿＿方式（集体供气/单个气源供气），在气路连接过程中使用的气动三联件包括＿＿＿＿＿＿＿＿＿＿＿＿＿＿＿＿＿＿＿＿＿＿＿＿＿＿＿＿＿。

6. 如图1-6所示，在机器人药品分拣工作站工作中，为了防止气路与机器人缠绕，在连接气路过程中，需要将气路连接线与周边设备紧固。根据标准规定，紧固的扎带之间的距离不大于＿＿＿＿＿＿＿＿mm。

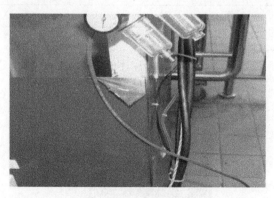

图1-6　气路连接线

7. 机器人视觉系统在工作中受到光线因素的影响比较大，为了使药品分拣工作能正常运行，需要机器人添加＿＿＿＿＿＿＿＿设备。

三、明确安全注意事项

引导问题　在工业生产中，由于不同的设备对温度、湿度、电压的要求不同，因此在不同的设备上就会出现不同的安全生产标识。工业机器人药品分拣工作站中都有哪些安全标识？分别表示什么意思？

图 1-7 是 ＿＿＿＿＿＿＿＿＿＿＿＿＿＿＿＿＿＿＿＿＿＿＿＿＿＿＿＿

＿＿＿＿＿＿＿＿＿＿＿＿＿＿＿＿＿＿＿＿＿＿＿＿＿＿＿＿＿＿＿＿＿＿＿＿＿＿＿

＿＿＿＿＿＿＿＿＿＿＿＿＿＿＿＿＿＿＿＿＿＿＿＿＿＿＿＿＿＿＿＿＿＿＿＿＿＿＿

1. 图 1-8 所示表示工业机器人药品分拣工作站正处于＿＿＿＿＿＿＿＿状态中。在维护保养过程中，需要将该标识放在＿＿＿＿＿＿＿＿位置。

图 1-7　安全标识　　　　　　　　图 1-8　维修设备安全标识

2. 在机器人本体上有许多安全标识，请将工业机器人药品分拣工作站的安全标识在表 1-2 中补充完整，并说明其功能。若表格不够用，可另附纸进行说明

表 1-2　安全标识功能表

序号	安全标识图	功　能
1	必须持证上岗	
2	当心夹伤	
3	禁止拍照 Forbid to take photo	

（续）

序号	安全标识图	功　能
4	有电危险	
5	禁止烟火 No burning	
6	小心地滑	
7	必须穿工作服	
8		
9		
10		
11		
填表人：		年　　月　　日

　　3. 除了一般的安全标识外，在操作过程中还有一些应该注意的安全细节，请仔细阅读工业机器人药品分拣工作站的使用说明，明确安全责任，完成表1-3。

表 1-3 工业机器人药品分拣工作站安全注意事项

安全注意事项
FANUC 机器人使用者的安全责任
机器人不适宜的工作场合
机器人维护作业安全注意事项
备注
填表人：   年　　月　　日

四、领取维护保养卡

 引导问题 为了保证系统的稳定性，有效地延长设备的使用寿命，在生产过程中需要对系统设备进行日常维护和保养。工业机器人药品分拣工作站日常维护保养卡包含了哪些内容？

1. 表 1-4 为工业机器人药品分拣工作站日常维护保养卡，请查阅其说明书，补充机器人本体的日常维护保养内容。

表 1-4 工业机器人药品分拣工作站日常维护保养卡

设 备 名 称	维 保 项 目	异 常	备 注
视觉系统	计算机是否正常工作		
	网线接口是否松动		
	摄像头是否正常工作		
周边设备	吸盘是否破损		
	气管是否破损		
	气路是否漏气		
	机器人工作台是否稳固		
	LED 灯是否正常工作		
控制部分电缆	是否脱落		
控制器通风	散热是否良好		
连接机械本体电缆	是否磨损		
接插件的固定状况	是否紧固		
机器人本体			
润滑油	平衡块轴承润滑油的更换		
	机器人减速器		
工作站	有无垃圾灰尘		
说明：	维护保养人签名： 年 月 日 客户签名： 年 月 日		

五、领取工具

引导问题 在日常维护保养工作中需要用到很多工具。工业机器人药品分拣工作站的日常维护保养工作需要用到哪些工具？如何使用这些工具？

1. 在对工业机器人药品分拣工作站进行日常维护保养前，需要明确系统维护保养应使用的工具、材料。图 1-9 所示工具箱中工具的主要用途是什么？根据工业机器人药品分拣工作站的日常维护保养点，选用合适的维护保养工具，完成表1-5。

图1-9　工具箱

表1-5　工具材料领用表

维护保养点	使用工具/材料

说明：	领用人：　　　　　　　　　年　　　月　　　日

1) 在设备维护保养过程中，常用的工具都有哪些？请将工具的名称及其功能填入表1-6中。

表1-6　维护保养工具

序号	名　　称	功　　能
1	手电筒	
2	扳手	
3	螺钉旋具	
4	剪线钳	
5	万用表	
6	油布	
7	干布	

（续）

序号	名　称	功　能
8	刷子	
9	水平仪	
10	纸巾	
11	手套	
12	其他	

2）在设备运行的过程中，由于振动造成机械部件的连接出现松动，直接影响了加工的精度并有可能引发安全事故，所以必须对各连接螺栓、_____、_____、_____、_____进行紧固，如图 1-10 所示。

图 1-10　对连接件进行紧固

2. 在实际工作中选用合适的工具和正确的方法能够大幅度地提高工作效率，如何使用图 1-11 所示的各类工具？

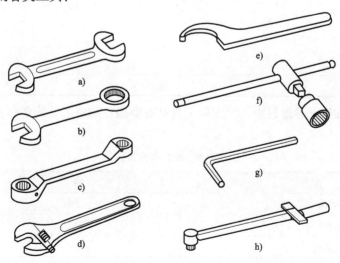

各　类　扳　手

图 1-11　扳手

a）固定扳手　b）两用扳手　c）梅花扳手　d）活扳手　e）钩形扳手　f）手动套筒扳手
g）内六角扳手　h）扭力扳手

1）所选用的扳手的开口尺寸必须与螺栓或螺母的尺寸＿＿＿＿＿＿＿＿，扳手开口过大易滑脱并损伤螺纹零件的＿＿＿＿＿＿＿＿。各类扳手的选用原则：一般优先选用手动套筒扳手，其次为梅花扳手，再次为固定扳手，最后选＿＿＿＿＿＿＿＿。

2）普通扳手是按人＿＿＿＿＿＿＿＿来设计的，遇到较紧的螺纹件时，不能用锤子击打扳手。除套筒扳手外，其他扳手都不能套装加力杆，以防止＿＿＿＿＿＿＿＿。

3）严禁用钳子代替扳手松紧螺纹连接件，以避免损坏＿＿＿＿＿＿＿＿。

3. 机器人通常在恶劣的环境中工作，电源内部会积累大量的灰尘，如图1-12所示，因此需要按时对机器人内部进行灰尘清理，以防止由于灰尘造成电器过热或短路而引起的故障。如何清理？

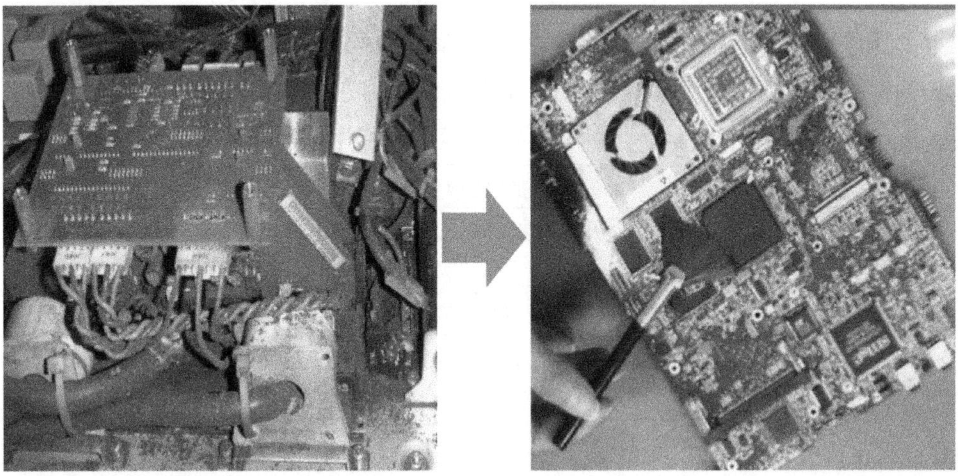

图1-12　电路板的除尘处理

1）在工作前一定要＿＿＿＿＿＿＿＿，因为所有部件都是精密仪器，防止清扫时掉落损坏。

2）拆卸时注意各插接线的方向，可以先记录这些接线的方向，以免还原时出错，导致电器元件＿＿＿＿＿＿＿＿不能正常启动。

3）用螺钉固定各部件时，应首先对准部件的位置，然后上紧螺钉。如果有位置偏差就可能导致接插件接触不良，甚至可能会使电路板产生变形而导致故障的发生。

4）由于电路板上的集成电路元件多采用MOS技术制造，这种半导体元件对静电高压相当敏感。当带静电的人或物触及这些元件后，就会产生＿＿＿＿＿＿＿＿＿＿＿＿＿＿，而释放的静电高压将损坏这些元件。所以要特别注意静电防护。可采取的做法是＿＿＿＿＿＿＿＿＿＿＿＿。

4. 本系统采用的气源是＿＿＿＿＿＿＿＿，需要用到单个气源（气泵），如图1-13所示。如何清洁气缸？

1）使用液体清洁剂（煤油或汽油）清洗活塞杆组件（包括气缸内腔）并＿＿＿＿＿＿＿＿，发现密封有损伤应＿＿＿＿＿＿＿＿，在活塞和密封表面涂少许干净的＿＿＿＿＿＿＿＿装入气缸。

2）复位安装应使用适量的＿＿＿＿＿＿＿＿，弹簧表面也应涂抹＿＿＿＿＿＿＿＿。

3）安装完成后，进行性能测试，应符合产品性能规定要求。

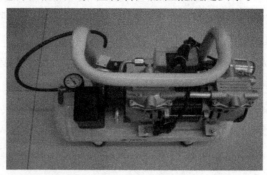

图 1-13　气泵

5. 在日常维护保养工作中需要维护人员对系统中的一些故障进行简易处理，请查阅系统操作说明书和相关资料，填写表 1-7 中的故障处理方法。

表 1-7　药品分拣工作站的日常维护保养方法

异常情况	可能的原因	故障处理方法
活塞漏气	打开时有气体从消声器处冲出，活塞 O 形密封圈不密封	
气缸不工作	活塞因节流器螺纹胶过多将节流孔堵住	
	节流器螺纹胶过多流入螺纹孔内活塞处，使活塞和缸体粘住不动作	
	杂质将节流孔卡住	
未紧固	气缸盖未拧紧	
	活塞杆螺母未将鱼眼接头锁紧	
	节流器接头涂胶不牢，使用中松动	
计算机不能正常工作	病毒侵害	
视觉系统软件不能启动	网线插头松动	
摄像头不能拍摄照片	像素没有调好或光线不好	

6. 在药品分拣的过程中，系统通过电磁阀（图 1-14）控制吸盘吸取药片。电磁阀的常见故障有哪些？如何更换电磁阀？请查阅资料，完成表 1-8。

图 1-14　电磁阀

表1-8 电磁阀点检方法

故障情况	可能原因	处理方法
电磁阀通电后不工作	电源接线是否不良	
	线圈损坏	
	有杂质使电磁阀的主阀芯和铁心卡死	进行清洗
电磁阀不能关闭	主阀芯或铁心的密封件已损坏	更换密封件
	有杂质进入电磁阀阀芯或铁心	
	弹簧寿命已到或变形	
	节流孔平衡孔堵塞	
内泄漏	密封件是否损坏，弹簧是否装配不良	
外泄漏	连接处松动或密封件已坏	
通电时有噪声	铁芯吸合面有杂质或不平	清洗或更换
其他		

7. 请根据表1-5领取工具、材料，严格按照以下步骤检查工业机器人药品分拣工作站维护保养工具是否备齐。

（1）机器人部分

1）机器人的底座螺钉有没有适合的工具紧固？　　　　　　　　　　　　　（　　）

2）机器人的轴有没有布上油？　　　　　　　　　　　　　　　　　　　　（　　）

3）机器人主机箱有没有适合的工具进行打扫？　　　　　　　　　　　　　（　　）

4）机器人六轴上的启动吸盘有没有工具进行拆换或者紧固？　　　　　　　（　　）

5）机器人电源线有磨损有没有合适的电源胶布？　　　　　　　　　　　　（　　）

6）机器人轴连接点有没有合适的工具进行紧固？　　　　　　　　　　　　（　　）

7）机器人示教盘有没有干净的清洁工具进行维护保养？　　　　　　　　　（　　）

（2）视觉系统

1）计算机有没有适合的工具进行清理保养？　　　　　　　　　　　　　　（　　）

2）摄像头有没有专用工具进行清理保养？　　　　　　　　　　　　　　　（　　）

3）视觉系统有没有安装LED灯的需要？　　　　　　　　　　　　　　　　（　　）

4）视觉系统有没有足够的LED灯备品？　　　　　　　　　　　　　　　　（　　）

5）视觉系统有没有合适的安装LED灯工具？　　　　　　　　　　　　　　（　　）

6）有没有合适的网线？　　　　　　　　　　　　　　　　　　　　　　　（　　）

7）有没有备用的电磁阀？　　　　　　　　　　　　　　　　　　　　　　（　　）

8）有没有备用的气管？　　　　　　　　　　　　　　　　　　　　　　　（　　）

9）有没有安装气管用的扎带？　　　　　　　　　　　　　　　　　　　　（　　）

10）有没有相应的安全标识、标签？　　　　　　　　　　　　　　　　　　（　　）

（3）外围设备

1）药品的放置盘是否有合适的工具固定？　　　　　　　　　　　　　　　（　　）

2）工作台的地脚螺钉是否有合适的工具紧固？　　　　　　　　　　　　　（　　）

3）是否有合适的工具对生锈的工作台面进行维护保养？ （　　）

4）是否有合适的工具对计算机进行维护？ （　　）

5）是否有合适的工具对气源进行维护？ （　　）

第二部分　计 划 与 实 施

一、制订维护保养计划

引导问题　工业机器人药品分拣工作站在实施日常维护保养之前，如何制订维护保养计划和维护保养工作流程？

1. 在设备使用过程中，需要对设备按不同的作业时间间隔和作业内容对设备进行点检，生产设备点检分为日常点检和定期点检。

2. 按照设备维护保养的时间不同，将保养分为＿＿＿＿＿＿、＿＿＿＿＿＿、＿＿＿＿＿＿、＿＿＿＿＿＿、＿＿＿＿＿＿、＿＿＿＿＿＿。在本任务中，对药品分拣系统进行的日常维护保养工作属于＿＿＿＿＿＿＿点检，一般的维保人员能完成这样的工作吗？如果能，请完成工业机器人药品分拣工作站维护保养计划，见表1-9。

表1-9　工业机器人药品分拣工作站维护保养计划

设备名称	维护保养步骤	维护保养方法	备　注

（续）

设备名称	维护保养步骤	维护保养方法	备　注

制订人（签名）：　　　　　　　　　　　　　　　　　　　　　　　　年　月　日

3. 将药品分拣系统维护保养的小组分工安排情况填入表1-10中。

表1-10　　　　　　　　　　小组工作分工安排表

序　号	工　作　内　容	负　责　人
1		
2		
3		
4		
5		
6		

组长（签名）：　　　　　　　　　　　　　　　　　　　　　　　　　年　月　日

4. 将制订的工业机器人药品分拣工作站日常维护保养流程填入表1-11中。

表1-11　工业机器人药品分拣工作站日常维护保养流程

流程表/流程图

说明：	制表人（签名）：	年　月　日

二、实施维护保养作业

 引导问题 在维护保养人员实施维护保养作业时，需要严格按照维护保养卡的内容进行。对于维护保养作业的过程应如何检查？

1. 请根据表1-4提供的工业机器人药品分拣工作站日常维护保养卡，按照工业机器人药品分拣工作站日常维护保养流程进行保养作业，在保养过程中，应严格按照表1-12和表1-13的内容对保养作业进行检查。

小提示 规范操作，注意安全，合理检查，严格执行

表1-12 ＿＿＿＿＿＿＿＿检查表

名称	点 检 点	是 否 完 成		备 注
机器人	1. 机器人各轴是否有裂痕	是□	否□	
	2. 机器人螺纹紧固件有无松动	是□	否□	
	3. 机器人各轴有无生锈	是□	否□	
	4. 机器人有无漏油	是□	否□	
	5. 机器人系统有无灰尘	是□	否□	
	6. 机器人电源开关有无损坏	是□	否□	
	7. 机器人电源线是否有脱落	是□	否□	
	8. 机器人急停按钮是否关闭	是□	否□	
	9. 电源变压器表盘是否损坏	是□	否□	
	10. 机器人电源线有无磨损	是□	否□	
视觉系统	1. 摄像头是否损坏	是□	否□	
	2. 计算机是否损坏	是□	否□	
	3. 视觉系统连接线是否脱落	是□	否□	
	4. 摄像头是否松动	是□	否□	
	5. 计算机电源线是否有磨损	是□	否□	
	6. 视觉系统的网线是否有磨损脱落	是□	否□	
	7. 视觉系统工作台是否干净	是□	否□	
外围设备	1. 机器人工作台是否稳固	是□	否□	
	2. 气管是否有磨损	是□	否□	
	3. 连接线扎带是否脱落	是□	否□	
	4. 电磁阀是否损坏	是□	否□	
	5. 气动三联件是否损坏	是□	否□	
	6. 药品分拣工作台上是否杂物	是□	否□	
	7. 药品存储杯是否损坏	是□	否□	
	8. LED 灯是否损坏	是□	否□	

（续）

名 称	点 检 点	是 否 完 成	备 注
工作场所	1. 有无合理的逃离路线	是□ 否□	
	2. 机器人安全标识有无脱落	是□ 否□	
	3. 机器人铭牌有无脱落	是□ 否□	
	4. 有无垃圾	是□ 否□	
检测员：			年 月 日

表 1-13 _____开机检查表

名 称	点 检 点	是 否 完 成	备 注
安全	1. 是否注意了系统的安全标识	是□ 否□	
	2. 是否准备好了突发事件的逃离路线	是□ 否□	
	3. 是否需要安全帽、安全鞋	是□ 否□	
	4. 是否有人一起协同带电工作	是□ 否□	
机器人	1. 机器人的型号		
	2. 电源变压箱电压是否正常	是□ 否□	
	3. 机器人控制柜工作是否正常	是□ 否□	
	4. 机器人示教盒显示是否正常	是□ 否□	
	5. 机器人各轴运动是否正常	是□ 否□	
	6. 机器人运动是否有噪声	是□ 否□	
	7. 机器人系统急停按钮是否正常	是□ 否□	
	8. 各轴是否已抹油	是□ 否□	
	9. 机器人运动是否出现报警	是□ 否□	
视觉系统	1. 计算机是否正常工作	是□ 否□	
	2. 视觉系统软件是否正常启动	是□ 否□	
	3. 摄像头拍摄是否清晰	是□ 否□	
	4. 数据传输是否正常	是□ 否□	
外围设备	1. 气源是否打开	是□ 否□	
	2. 气压表工作是否正常	是□ 否□	
	3. 气压是否正常	是□ 否□	
	4. 气管是否漏气	是□ 否□	
	5. 电子阀是否正常工作	是□ 否□	
	6. 吸盘是否能吸起药片	是□ 否□	
	7. 机器人全速运动底座是否晃动	是□ 否□	
	8. 生锈的部件是否已抹油	是□ 否□	
检测员：			年 月 日

2. 在处理完系统的异常信息之后，需要对系统进行最后的整理和清洁。请根据 6S 管理要求按照以下步骤进行维护保养后的检查，已完成的项目请在括号内画"√"，否则画"×"。

1）机器人电源开关是否关闭？　　　　　　　　　　　　（　　）

2）机器人各轴是否运动到停止工作状态？　　　　　　　（　　）

3）机器人紧急停止按钮是否处于关闭状态？　　　　　　（　　）

4）机器人是否打扫干净？　　　　　　　　　　　　　　（　　）

5）视觉系统是否打扫干净？　　　　　　　　　　　　　（　　）

6）工具是否齐全？　　　　　　　　　　　　　　　　　（　　）

7）工具是否摆放整齐？　　　　　　　　　　　　　　　（　　）

8）场地是否清扫干净？　　　　　　　　　　　　　　　（　　）

9）清洁工具是否摆放整齐？　　　　　　　　　　　　　（　　）

10）保养表和点检表是否收齐？　　　　　　　　　　　（　　）

第三部分　评价与反馈

一、异常信息反馈

 引导问题　维护保养工作完成后，应对出现的异常信息进行汇集，为以后设备的维修和管理保留可供参考的资料。

小提示　收集异常信息应全面而准确，并记录异常信息的处理方法。

1. 请对出现的异常信息进行汇集，并填入表1-14，并交付相关部门存档、反馈。

表1-14　_____异常信息记录表

异 常 信 息	备　　注

（续）

异　常　信　息	备　注
其他	
记录人： 　　　　　年　月　日	点检员： 　　　　　年　月　日

2. 自我评价（表1-15）。

班级：＿＿＿＿＿＿　　姓名：＿＿＿＿＿＿　　学习任务名称：＿＿＿＿＿＿

表1-15　自我评价表

自我评价表			
序号	评价项目	是	否
1	是否明确维护保养人员的职责		
2	能否按时完成工作任务的准备部分		
3	能否全部写出系统的安全标识		
4	能否按照流程进行日常保养工作		
5	能否叙述工业机器人药品分拣工作站的日保内容		
6	能否正确进行机器人系统的开机检查		
7	工作着装是否规范		
8	是否主动参与工作现场的清洁和整理工作		
9	是否主动帮助同学		
10	是否完成了清洁工具和维护工具的摆放		
评价人：		年　月　日	

3. 小组评价（表1-16）。

表1-16 小组评价表

小组评价表		
序号	评价项目	评价
1	团队合作意识，注重沟通	
2	能自主学习及相互协作，尊重他人	
3	学习态度积极主动，能参加安排的活动	
4	服从教师的安排，遵守学习场所的管理规定，遵守纪律	
5	安全、规范操作	
6	能正确地理解他人提出的问题	
7	能保持环境的干净整洁	
8	遵守学习场所的规章制度	
9	团队工作中的表现	
10	完成夹具的程序控制	
评价人：		年　　月　　日

4. 教师评价（表1-17）。

表1-17 教师评价表

教师评价表		
序号	评价项目	评价
1	能否准确叙述工业机器人药品分拣工作站组成与工作原理	
2	能否准确叙述 FANUC 工业机器人药品分拣工作站的每个维护保养项的维护内容、保养时间和方法	
3	能否通过小组合作制订药品分拣系统的日保工作流程	
4	能否运用系统提供的维护保养方法点检设备	
5	能否准确记录异常信息，处理异常信息	
6	能否规范操作 FANUC 机器人	
7	能否正确维护和保养 FANUC 机器人视觉系统	
8	是否顺利完成 FANUC 工业机器人药品分拣工作站的维护保养工作，并进行全面的记录、存档和评价反馈	
评语：		
评价人（签名）：		年　　月　　日

二、学习拓展

引导问题　对药品分拣系统进行月保时，需要保养哪些内容？

任务二　工业机器人数控车加工自动化工作站的保养

任务目标

1. 能够叙述工业机器人数控车加工自动化工作站的基本组成。
2. 能够归纳工业生产设备保养的基本制度，能够说出设备保养等级的分类方法。
3. 能够叙述一般的设备日常维护保养方法和工具的使用方法。
4. 能够通过小组讨论，制订工业机器人数控车加工自动化工作站保养工作计划。
5. 能够规范使用工具，检查工业机器人数控车加工自动化工作站的运行情况。
6. 能够完成数控车加工自动化系统的保养作业，记录、存档并进行评价反馈。

建议学时

4 学时。

内容结构

本任务的内容结构如图 2-1 所示。

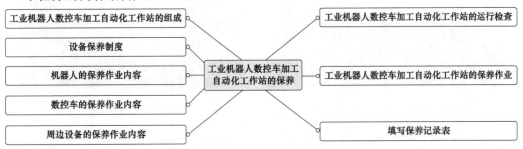

图 2-1　内容结构

　　工业机器人应用与维护人员根据工业机器人系统集成商提供的维保工单，明确保养内容，使用通用工具和专用工具，对工业机器人系统进行清洁、检查、润滑和调整，对部分零部件、电子元器件进行更换和紧固，对需要维修的内容进行记录，并反馈给制造商。保养作业需要提前准备工具和材料。对已完成的工作做好记录，自觉保证安全生产，遵守 6S 的工作要求。

第一部分　任 务 准 备

一、熟悉系统

引导问题　一套完整的工业机器人数控车加工自动化工作站由哪些部分组成？各部分的功能是什么？

　　1. 如图 2-2 所示，工业机器人数控车加工自动化工作站的自动化程度非常高，它能帮助企业提高生产效率。定期进行维护保养工作可以延长工作站的工作寿命，保证生产的正常运行。工业机器人数控车加工自动化工作站由哪几部分组成呢？请写出各部分的名称。

　　1）图 2-3 所示数控车床的型号是_____。数控车床又称为 NC 车床，是一种高精度、高效率的自动化机床。它具有广泛的加工艺性能，可加工_____、_____、_____和各种螺纹。

图 2-2　数控车加工自动化系统

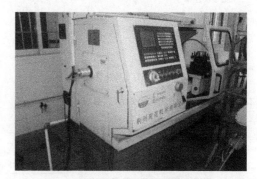

图 2-3　数控车床

　　2）如图 2-4 ~ 图 2-10 所示，数控车床由数控装置、床身、主轴箱、刀架进给系统、尾座、液压系统、冷却系统、润滑系统和排屑器等部分组成。数控车床分为

_____和_____两种类型。

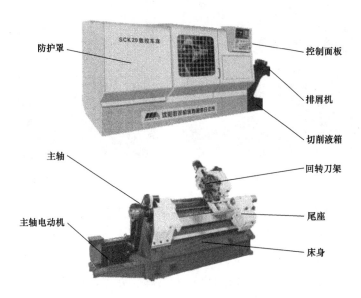

图 2-4　SSCK20 型数控车床结构原理图

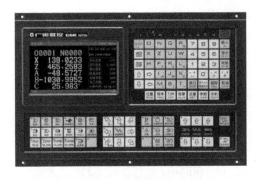

图 2-5　GSK980T 数控系统

图 2-6　车床导轨

图 2-7　主轴

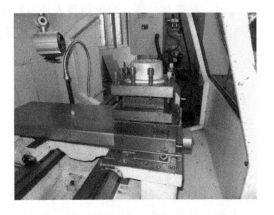

图 2-8　刀架进给系统

图2-9 冷却系统

图2-10 润滑系统

2. 工业机器人是面向工业领域的多关节的机械手或多自由度的机器人。目前国内工业机器人应用最广的主要有日本 _____ 公司（图2-11）、瑞典 _____ 公司（图2-12）及我国 _____ 公司（图2-13）等一些自主品牌，企业可根据自身的应用要求选用机器人品牌、并根据产品尺寸确定机器人的规格型号。

图2-11 FANUC Robot LR Mate 200ic

图2-12 IRB140

图2-13 GSK RC

1）一台工业机器人由主体、驱动系统和控制系统三部分组成。主体即机座和执行机构，包括臂部、腕部和手部，有的机器人还有行走机构。

2）如图2-14和图2-15所示，机器人控制部分包括 _____

_____

3）FANUC Robot LR Mate 200ic机器人可用于机床上下料系统，该机器人在系统中的作用是什么？

_____

_____

3. 机器人本体并不能实现直接作业，必须与控制系统及非标设备结合起来。非标设备是用户根据自己的需求，自行设计制造的设备，且不在《国家设备产品目录》内。工业机器人数控车加工自动化工作站中都包含哪些非标设备？这些非标设备在工作站中的功能是什么？

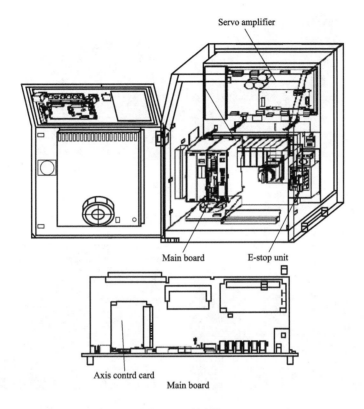

图 2-14 控制柜

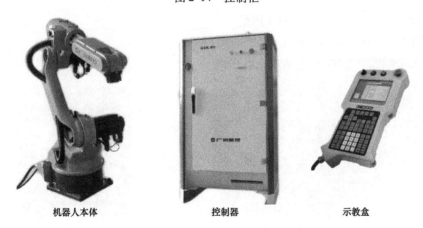

机器人本体　　　　　控制器　　　　　示教盒

图 2-15 工业机器人的组成（GSK）

1）在工业机器人数控车加工自动化工作站中，工业机器人从事搬运的工作，因此需要_____

_____

等非标设备。

2）图 2-16 所示气动卡盘的作用是_____。

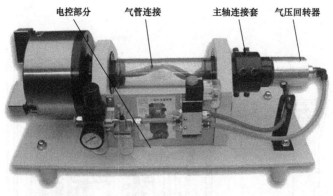

图 2-16　气动卡盘

3）图 2-17 所示分水排水器的作用是_____。

4）图 2-18 所示气缸的作用是_____。

图 2-17　分水排水器　　　　　　　　　　　图 2-18　气缸

5）图 2-19 所示机器人底座的作用是_____。

6）图 2-20 所示物料架的作用是_____。

图 2-19　机器人底座　　　　　　　　　　　图 2-20　物料架

二、明确维保制度

引导问题　在生产车间里，需要对生产设备进行维护保养。坚持执行三级保养制度可以延长设备的使用寿命，保证安全生产，以及营造舒适的工作环境。工业机器人数控车加工自动化工作站日常保养的内容和方法有哪些？

1. 设备维护保养的要求和制度如下：

1）清洁设备内外整洁，各_____处无油污，各部位_____，设备周围的切屑、杂物及脏物要清扫干净。

2）工具、附件、工件（产品）要放置_____，线路要有条理。

3）润滑良好，按时_____，不断油，无干摩擦现象，油压正常，油标明亮，油路畅通，油质符合_____，油枪、油杯、油毡清洁。

4）遵守安全操作规程，不超负荷使用_____，设备的安全防护装置_____，及时消除不安全因素。

5）三级保养制度是指什么？

_____

_____

_____

_____

2. 数控车床的维护保养内容和方法（表2-1）如下：

表2-1　数控车床的维护保养内容与方法

序号	维护保养周期	维护保养项目	维护保养内容与方法	备注
1	每天	导轨润滑机构	油标、润滑泵，每天使用前手动打油对导轨润滑	图2-22
2	每天	导轨	清理切屑及脏物，检查滑动导轨有无划痕，检查滚动导轨润滑的情况	图2-24
3	每天	液压系统	油箱泵有无异常或噪声，工作液液面的高度是否合适，压力表指示是否正常，有无泄漏	图2-22
4	每天	主轴润滑油箱	检查油量、油质及温度，检查有无泄漏	图2-22
5	每天	液压平衡系统	工作是否正常	
6	每天	气源自动分水排水器自动干燥器	及时清理分水排水器中过滤出的水分，检查压力	图2-23
7	每天	电器箱散热、通风装置	检查风扇工作是否正常，检查过滤器有无堵塞，及时清洗过滤器	图2-30
8	每天	各种防护罩	检查有无松动、漏水，特别是导轨防护装置	图-21
9	每天	机床液压系统	检查液压泵有无噪声，压力表各接头有无松动，液面是否正常	
10	每周	空气过滤器	坚持每周清洗一次，保持无尘、通畅，发现损坏应及时更换	
11	每周	各电气柜过滤网	清洗粘附的尘土	
12	半年	滚珠丝杠	清洗丝杠上的旧润滑脂，换新润滑脂	图2-26
13	半年	液压油路	清洗各类阀、过滤器，清洗油箱底，更换液压油	
14	半年	主轴润滑箱	清洗过滤器、油箱，更换润滑油	

（续）

序号	维护保养周期	维护保养项目	维护保养内容与方法	备　　注
15	半年	各轴导轨上镶条，压紧滚轮	按说明书的要求调整松紧状态	图2-25
16	一年	检查和更换电动机电刷	检查换向器表面，去除毛刺，吹净碳粉，磨损过多的电刷应及时更换	
17	一年	液压泵过滤器	清洗切削液池，更换过滤器	
18	不定期	主轴电动机冷却风扇	除尘，清理异物	
19	不定期	运屑器	清理切屑，检查是否卡住	
20	不定期	电源	供电网络大修，停电后检查电源的相序、电压	
21	不定期	电动机传动带	调整传动带松紧图	图2-29
22	不定期	刀库	刀库定位情况，机械手相对主轴的位置	图2-28
23	不定期	切削液箱	随时检查液面高度，及时添加切削液，太脏应及时更换	
24	不定期	卡盘	调整卡盘	图2-27

数控车床的保养如图2-21～图2-30所示。

图2-21　机床操作面板和床身的清洁

图2-22　加注润滑油

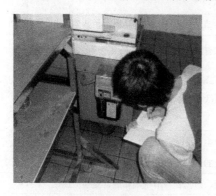

图2-23　做好检查记录

图2-24　用棉布清理导轨

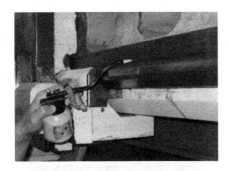

图 2-25　对导轨加防锈油

图 2-26　对丝杠加防锈油

图 2-27　卡盘的调整

图 2-28　刀架的保养

图 2-29　检查传动性能

图 2-30　电气控制系统的维护

3. 工业机器人保养的内容和方法如下：

1）通电前的清洁。通电前应对机器人需要清洁的部位进行清洁，如图 2-31 所示，避免尘埃、飞溅物的堆积。清洁时，应注意检查是否有油从各密封部位渗出来。

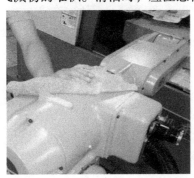

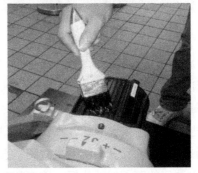

图 2-31　通电前的清洁

2）清洁图2-32所示的控制柜。可以洒上水或经适当稀释的清洗液进行整体清洗，用棉纱擦掉粘附在机器人表面的污渍。注意避免水和洗涤剂溅到控制部分。如果用刷子用力刷洗机器人表面，则有可能给涂层和密封造成不良的影响。

3）机构部连接器的检查方法如图2-33所示。

①圆形连接器：用手转动，判断是否松动。

②方形连接器：检查控制杆是否脱落。

③接地端子：检查是否松动。

图2-32　清洁控制柜

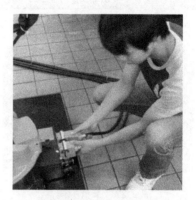

图2-33　连接检查

4）外部主要螺栓的紧固。紧固末端执行器安装螺栓和机器人设置螺栓，将露在机器人外部的螺栓全都紧固，如图2-34所示。

5）机械手电缆、外设电池电缆的检查。如图2-35所示。

图2-34　螺栓的紧固

图2-35　检查电缆

6）对减速器加注润滑油的方法，如图2-36所示。

①关闭机器人电源。

②拔掉出油口的塞子。

③从进油嘴处进入润滑油，直到出油口处有新的润滑油流出时再停止加油。

④让被加油的轴反复转动一段时间，直到没有油从出油口处流出为止。

⑤把出油口的塞子重新装好。

7）数据备份。定时备份机器人的数据，如图2-37所示，可以防止由于机器人电池失电导致丢失数据而造成损失。

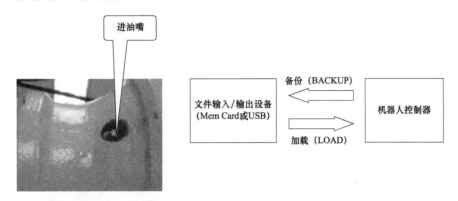

图2-36　加润滑油　　　　　　　　　　　图2-37　备份

8）数据备份方法。

①按下示教盒的_____（MENU）键，显示屏出现图2-38所示的【数据备份】显示界面。

②选择第7项［文件—文件］按下_____键进入图2-39所示的【数据备份】显示界面。

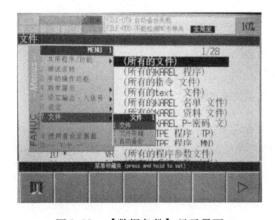

图2-38　【数据备份】显示界面

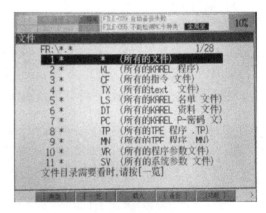

图2-39　数据备份显示界面

③按下＜F4＞键可以进行备份，如图2-40所示。如果想载入备份可按下_____键。

④可以选择相应的备份项目完成备份。

4. 周边设备的保养方法如下：

1）图2-41所示为机器人的气动系统。气压传动的特点是工作压力低，一般为_____MPa，气体粘度_____，管道阻力损失_____，便于集中供气和中距离输送，使用安全，无爆炸和电击危险，有过载保护能力；但气压传动速度_____，需要气源。

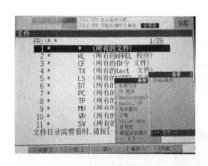

图 2-40　备份数据

图 2-41　气动系统

2）开机前检查。

①排出冷凝水。在起动压缩机之前，操作＿＿＿＿＿＿＿＿可以排出冷凝水。

②确认油量。从油位计上判断油量，不足时要进行＿＿＿＿＿＿＿＿。

3）运行中检查。

①确认仪表。从＿＿＿＿＿＿＿＿可以读出气压值。开机查看气压表的读数为＿＿＿＿＿＿＿＿，如果不符合要求，则可以通过＿＿＿＿＿＿＿＿调节。

②确认安全阀。每月一次，拉起安全阀阀杆，确认有动作＿＿＿＿＿＿＿＿。

③喷出压缩空气。确认后冷却器及油气筒冷凝水的排出状态。

> 小提示　1. 长期停机之前，先进行 5min 卸载运行后再停机，并切断电源。
>
> 　　2. 为避免压缩机生锈，请每星期至少运行一次，每次运行 5～10min。
>
> 　　3. 同一气路上有多台压缩机时，为防止冷凝水倒流，应关停压缩机的各排气阀。

4）压缩机长期运行而不进行检查，不仅会降低空气压缩机的工作效率，还可能造成火灾等事故，请务必对表 2-2 中的项目进行检查。

表 2-2　空气压缩机维护保养方法

检查项目	维护保养内容	备　　注
润滑油	每 2000h 更换全部润滑油	润滑油劣化形成的碳化物而引发火灾
箱体内容	每年进行一次清扫、清理	箱体内如有易燃物，则可能导致电动机、电线等接地故障或短路而引发火灾
电动机	每年检测一次绝缘电阻，若绝缘电阻小于 1Ω，则须进行保养维修	可能因接地故障或短路而引发火灾
空气过滤器	当压差指示器报警时，需更换新品	空气过滤器网孔堵塞，可能导致高温或供气不足

5）气缸（图2-42）。

图2-42　气缸

①使用液体清洁剂（煤油或汽油）清洗活塞杆组件（包括气缸内腔）并_____。若发现密封有损伤，则应_____，在活塞和密封表面涂少许干净的_____后装入气缸。

②复位安装应使用适量_____，弹簧表面也应涂抹_____。

③安装完成后，做性能测试应符合产品性能规定要求。

④简易故障处理，请查找相关资料，解决故障，完成表格2-3。

表2-3　系统日常维护方法

异常情况	可能的原因	处理办法
活塞漏气	打开时有气从消声器处冲出，活塞的O形密封圈不密封	
打开时气缸不工作	活塞因节流器螺纹胶过多将节流孔堵住	
	节流器螺纹胶过多流入螺纹孔内活塞处，使活塞和缸体粘住不动作	
	杂质将节流孔卡住	
未紧固	气缸盖未拧紧	
	活塞杆螺母未将鱼眼接头锁紧	
	节流器接头涂胶不牢，使用中松动	

6）电磁阀（图2-43）。

 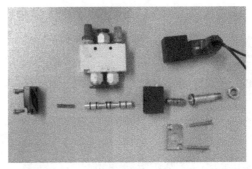

图2-43　电磁阀

①结合实际情况，解决电磁阀的故障完成表2-4。

表 2-4　电磁阀日常维护保养

故 障 情 况	可 能 的 原 因	处 理 方 法
电磁阀通电后不工作	电源接线不良	
	线圈损坏	
	有杂质使电磁阀的主阀芯和动铁心卡死	进行清洗
电磁阀不能关闭	主阀芯或铁心的密封件已损坏	更换密封件
	有杂质进入电磁阀主阀芯或动铁心	
	弹簧的使用寿命已到或变形	
	节流孔平衡孔堵塞	
内泄漏	密封件损坏，弹簧装配不良	
外泄漏	连接处松动或密封件已损坏	
通电时有噪声	铁心吸合面有杂质或不平	清洗或更换

7）安全门与气动卡盘的维护保养方法如图 2-44 所示。

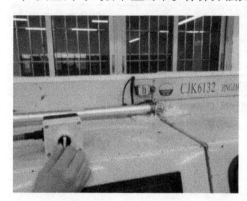

图 2-44　检查安全门与气动卡盘

8）底座的紧固如图 2-45 所示。

9）物料架的紧固与清洁如图 2-46 所示。

图 2-45　机器人安装底座的紧固　　　　图 2-46　物料架的紧固与清洁

第二部分　计划与实施

一、领取维护保养卡

引导问题　FANUC 工业机器人维护保养表见附录，通过对该表的分析，推断工业机器人数控车加工自动化工作站日常维护保养卡包括哪些内容？

1. 请根据 FANUC 工业机器人维护保养表结合工业机器人数控车加工自动化工作站非标设备的保养表，补充完善工业机器人数控车加工自动化工作站日常维护保养卡（表2-5）。如果表格不够用，则可另附答题纸。

表2-5　工业机器人数控车加工自动化工作站日常维护保养卡

设 备 名 称	维 保 项 目	异　　常	备　　注
非标设备			
机床			
控制部分电缆			
控制器通风			
连接机械本体电缆			
接插件的固定状况			
机器人本体			

（续）

设 备 名 称	维 保 项 目	异 常	备 注
润滑油	平衡块轴承润滑油		
	更换		
	机器人减速器		
说明：	维保人签名： 客户签名：		年 月 日 年 月 日

二、制订维护保养计划

 引导问题 工业机器人数控车加工自动化工作站一共分为_____个部分，每部分的维护项目是如何进行的？

1. 请根据实际情况制订工业机器人数控车加工自动化工作站日常保养计划，完成表2-6。

表2-6 工业机器人数控车加工自动化工作站日常保养计划

设 备 名 称	保 养 步 骤	保 养 方 法	备 注

（续）

设　备　名　称	维　护　步　骤	维　护　方　法	备　　注

制订人：　　　　　　　　　　　　　　　　　　　　　　　　　　　　　　年　　月　　日

2. 对数控车加工自动化工作站进行保养时需要的工具有哪些？请完成表 2-7。

表 2-7　工具领用表

工具领用表	
维护保养点	使用工具

制订人：　　　　　　　　　　　　　　　　　　　　　　　　　　　　　　年　　月　　日

3. 请将机器人数控车加工自动化工作站维护保养的小组分工情况填入表 2-8 中。

表2-8 _____小组分工情况

序号	工 作 内 容	负 责 人
1		
2		
3		
4		
5		
6		

组长：   年   月   日

4. 将制订的机器人数控车加工自动化工作站日常维护保养流程填入表2-9中。

表2-9   机器人数控车加工自动化工作站日常维护保养流程

序号	工 作 内 容
第一步	
第二步	
第三步	
第四步	
第五步	
第六步	
第七步	

三、实施维护保养作业

 引导问题　在对数控车加工自动化工作站进行维护保养时，如何完成维护保养过程的监控？

1. 请根据提示操作机器人加工自动化工作站开机前的维护保养工作，检查各部件电压与气源气压。

1）数控车电压。

检查结果：_____（正常/不正常）。

2）机器人电压。

检查结果：_____（正常/不正常）。

3）气源气压。

检查结果：_____（正常/不正常）。

2. 检查数控车床。

1）数控车床操作面板。

检查结果：_____（正常/不正常）。

2）安全门。

检查结果：_____（正常/不正常）。

3）气动卡盘。

检查结果：_____（正常/不正常）。

4）主轴旋转。

检查结果：_____（正常/不正常）。

5）刀架。

检查结果：_____（正常/不正常）。

3. 检查机器人。

1）TP。

检查结果：_____（正常/不正常）。

2）机器人的示教运动。

检查结果：_____（正常/不正常）。

3）机械手的夹紧与放松。

检查结果：_____（正常/不正常）。

2. 为了确保数控车加工自动化工作站运行良好，除做好维护保养工作外，正确合理地操作工作站也是非常重要的，以下是工业机器人比较重要的应用。

1）对电控部分进行保养时，必须断电，锁好电源箱。（对/错，其他_____）

2）操作者可以在安全栅栏内进行启动或停止操作。（对/错，其他_____）

3）示教人员的示教，外围设备的调试可在安全栅栏内作业。（对/错，其他_____）

4）开机时，急停按钮应处于何种状态？_____

5）在机器人自动运行时，做好随时急停的准备。

6）对于维护保养作业时的安全注意事项，请补充。

_____
_____
_____
_____
_____
_____

3. 机器人基本操作。

1）解除报警方法：SRVO - 005 SVAL1 Robot Overtravel。

_____
_____

2）零点复位方法。

_____

_____

_____

_____

3）请编制图 2-47 所示运动轨迹的数控程序。

4. 请按工业机器人数控车加工自动化工作站日常维护卡进行保养作业。保养过程中必须严格按照表 2-10 逐项进行检查，操作过程必须符合 6S 管理要求。

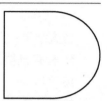

图 2-47　运动轨迹

表 2-10　工业机器人数控车加工自动化工作站日常维护作业检查表

项　　目	检 查 情 况		备　　注
是否清理机器上的灰尘和杂物	是□	否□	
是否清除物料架的灰尘和杂物	是□	否□	
是否清理导轨、刀架和积屑槽	是□	否□	
是否完成冷却液的更换	是□	否□	
是否完成空气过滤气的清扫	是□	否□	
是否完成电气柜的清扫	是□	否□	
是否完成印制电路板的清扫	是□	否□	
是否检查电缆线	是□	否□	
接插件的固定状况是否良好	是□	否□	
是否完成机构部螺栓的紧固	是□	否□	
是否完成周边设备的紧固	是□	否□	
是否完成气动卡盘的防松和调整	是□	否□	
是否完成机床主轴的保养	是□	否□	
是否完成导轨的润滑	是□	否□	
是否对车床加注润滑油	是□	否□	
是否检测机器人的润滑脂，是否渗漏	是□	否□	
是否检测输入电源电压	是□	否□	
是否检测气泵输出气压	是□	否□	
分水排水器是否排出冷凝水	是□	否□	
是否检测油雾器的油量	是□	否□	
是否解除数控车床控制面板的异常报警	是□	否□	
冷却系统是否正常工作	是□	否□	
数控车床主轴、刀架是否正常工作	是□	否□	

（续）

项　目	检查情况	备　注
是否检查示教盒的互锁功能 （Deadman 键、ON/OFF 开关）	是□　　　否□	
是否完成机器人系统数据的备份	是□　　　否□	
是否完成机器人的零点核对	是□　　　否□	
机械手是否正常工作	是□　　　否□	
气动卡盘是否正常工作	是□　　　否□	
安全门能否正常工作	是□　　　否□	
周边设备是否正常工作	是□　　　否□	
检查人员（签名）		年　　月　　日

第三部分　评价与反馈

引导问题　维护保养工作完成后，对出现的异常信息进行汇集，为以后设备的维修和管理保留一份可供参考的资料。如何汇集？

1. 请将所有的异常信息汇总填入工业机器人数控车加工自动化工作站日常维护异常信息记录表（表2-11），并交付相关部门存档、反馈。

表 2-11 _____异常信息记录表

异　常　信　息	备　注

（续）

异 常 信 息	备　　注
其他	
记录人：　　　　　　年　月　日	点检员：　　　　　　年　月　日

2. 自我评价。你对本次任务是否满意？认为自己在哪些方面可以改善？

_____

_____

_____

_____

3. 小组评价（表2-12）

表2-12　小组评价表

序号	评价项目	评价情况
1	与其他同学的沟通是否顺畅	
2	是否尊重他人	
3	工作态度是否积极主动	
4	是否服从教师的安排	
5	着装是否符合标准	
6	能否正确地理解他人提出的问题	
7	能否按照安全和规范的规程操作	
8	能否辨别工作环境中哪些是危险的因素	
9	能否合理规范地使用工具和仪器	
10	能否保持工作环境的干净整洁	
11	是否遵守工作场所的规章制度	
12	是否有工作岗位的责任心	

（续）

序号	评价项目	评价情况
13	是否全勤	
14	是否能正确对待肯定和否定的意见	
15	团队工作中的表现如何	
16	是否达到任务目标	
17	存在的问题和建议	

4. 教师评价（表2-13）

表2-13　教师评价表

序号	评价项目	评价情况
1	是否按规定完成工作页的填写	
2	是否完成维护保养卡所列的保养内容	
3	是否正确操作工业机器人数控车加工自动化工作站	
4	工作中是否符合6S管理规定	
5	对本次保养作业是否提出有效的建议	
6		
7		

评价人：　　　　　　　　　　　　得分：

任务三 工业机器人激光打标工作站的保养

任务目标

1. 能够叙述工业机器人激光打标工作站的组成。
2. 能够解释工业机器人激光打标工作站的工作原理。
3. 能够根据维护保养资料，制订工业机器人激光打标工作站的维护保养卡。
4. 能够通过小组合作的方式，制订工业机器人激光打标工作站的保养计划。
5. 能够正确检查工业机器人激光打标工作站的运行情况。
6. 能够在教师指导下，根据计划规范完成工业机器人激光打标工作站的保养作业。

建议学时

8 学时。

内容结构

本任务的内容结构如图 3-1 所示。

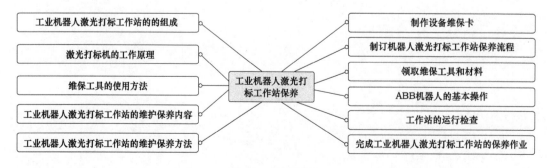

图 3-1 内容结构

　　制订工业机器人激光打标工作站的保养工单，对激光打标机进行现场维护保养，并对已完成的工作进行记录、存档。对于需要维修的内容进行登记，并反馈给制造商。保养过程中注意安全作业，遵守 6S 的工作要求。

　　工业机器人激光打标工作站是一种集环保、高自动化和高精度于一身的雕刻打标系统，它大大提高了生产效率。激光打标是利用高能量密度的激光对工件进行局部照射，使表层材料汽化或发生颜色变化，从而留下永久性标记的打标方法。

第一部分　任　务　准　备

一、接受任务

　　为了保证设备正常高效地运转，降低故障机率，加强设备操作运行的安全性和稳定性，延长设备的使用寿命，需要对工业机器人激光打标工作站进行定期的维护保养。在维护保养过程中要严格遵守企业安全生产的相关规定和 6S 管理制度，并做好保养工作记录，对维修的内容进行登记，并反馈给制造商。

二、收集信息

引导问题　一套运行良好、自动化程度高的机器人搬运激光打标工作站由哪些部分组成？

　　1. 如果要对打标工作站进行完整的维护保养，就需对整个工作站有清晰地了解。工业机器人激光打标工作站的组成和作用如下。

　　1）图 3-2 所示为工业机器人激光打标工作站的平面图。请根据平面图写出图 3-3 ~ 图 3-7 的各部分名称。

　　2）完成填空，说明各组成部分的作用。

　　①工业机器人激光打标工作站由机器人及底座台面、＿＿＿＿＿＿＿＿、＿＿＿＿＿＿＿＿和电控部分组成。

　　②本工作站是针对尺寸不超过 100mm × 100mm 的产品打标开发的，工作站采用单机器人代替人工上下料打标的模式。

　　③机器人采用 ABB 公司的 IRB140 六轴工业机器人，运动半径为＿＿＿＿＿＿＿＿，第 6 轴可负重＿＿＿＿＿＿＿＿ kg，重复定位精度为＿＿＿＿＿＿＿＿ mm，它在本工作站中的作用是＿＿＿＿＿＿＿＿＿＿＿＿＿＿＿＿＿＿＿＿＿＿＿＿＿＿＿＿＿＿＿＿。

　　④激光打标机采用深圳泰德 DPY – M50 ＿＿＿＿＿＿＿＿侧面泵浦激光打标机，配有

水冷机。激光打标机按照激光器的不同可分为＿＿＿＿＿＿＿＿＿＿、＿＿＿＿＿＿＿＿＿＿、
＿＿＿＿＿＿＿＿＿＿、＿＿＿＿＿＿＿＿＿＿。水冷机的作用是＿＿＿＿＿＿＿＿＿＿＿＿＿＿＿＿。

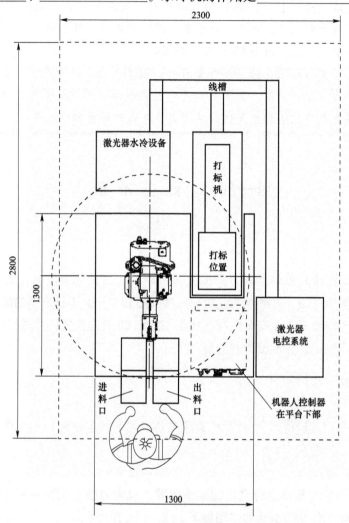

图 3-2　工业机器人激光打标工作站

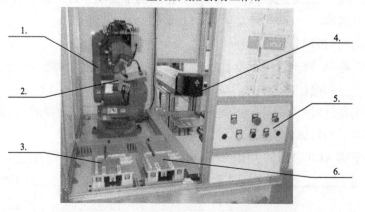

图 3-3　工业机器人激光打标工作站

⑤吸盘夹具全部采用气缸和吸盘，并增加感应器检测夹紧松开和有料无料的状态，保证每次装夹是可监控的。其安全性更高，可防止由于未装夹到位而引发碰撞事故。

图3-4　激光打标系统

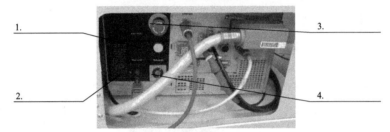

图3-5　ABB 机器人控制柜

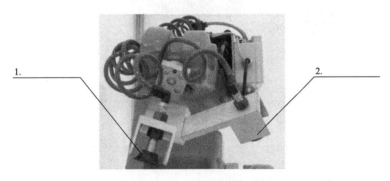

图3-6　双吸盘

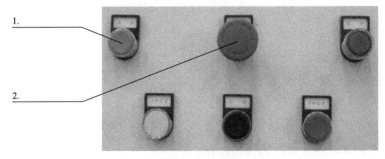

图3-7　控制面板

3）操作控制台面板各按钮功能。

①起动按钮：当机器人在自动模式下时，按下此按钮，三色灯的_____灯

亮，机器人开始运行程序，处于准备状态。

②暂停按钮：按下此按钮，灯_____，机器人暂停工作，程序停止运行。

③紧急停止按钮：按下此按钮，机器人立即停止在_____，并显示紧急停止，夹具不动作，打标机_____。所有紧急停止按钮与机器人上紧急停止按钮的功能一样。按下任何一个按钮，机器人和打标机便立即_____。此按钮只在出现紧急状况下使用。

2. 激光打标的成品与人们的生活息息相关。激光打标工作站在现代工业加工中的应用有哪些？

> 🌐 **小提示** 激光打标技术是当代两大高科技——激光和计算机的结晶产品，20 世纪 70 年代末期，开始应用于工业加工，20 世纪 80 年代在欧美工业国家获得广泛应用。近年来以其卓越的性能已经广泛应用于各行各业。

1）如图 3-8 所示，请举例说明激光打标在工业中的应用实例。

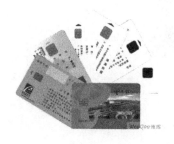  

图 3-8　构件组成

_____

_____

_____

_____

2）激光打标工作站打标与传统方法的对比。

_____

_____

_____

❓ 引导问题 激光打标的工作原理是什么？

激光打标技术作为一种现代精密加工方法，与腐蚀、电火花加工、机械刻划、印刷等传统的加工方法相比，具有无与伦比的优势。

1. 激光打标的基本原理如下：

激光打标是由激光发生器生成高能量的连续激光光束，当激光作用于承印材料时，处于基态的原子跃迁到较高能量状态。处于较高能量状态的原子是不稳定的，会很快回到基态，当原子返回基态时，会以光子或量子的形式释放出能量，并由光能转换为热能，使表面材料瞬间熔融，甚至汽化，从而形成图文标记。激光器的结构如图 3-9 所示，DPY－M打标机如图 3-10 所示。

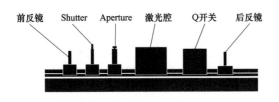

图 3-9　激光器的结构　　　　　　　　　图 3-10　DPY－M 打标机

2. 激光打标机的介绍如下：

1）激光打标机利用激光束在各种不同的物质表面打上永久的标记。打标的效应是通过表层物质的蒸发露出深层物质，从而刻出精美的图案、商标和文字。激光打标机主要分为 CO_2 激光打标机_____、光纤激光打标机和_____。目前激光打标机主要应用于要求精细、精度高的场合，如电子元器件、集成电路（IC）、电工电器、手机通信、五金制品、工具配件、精密器械、眼镜钟表、首饰饰品、汽车配件、塑料按键、建材和 PVC 管材等。

2）半导体侧泵 YAG 激光打标机的工作原理。DPY 系列半导体侧面泵浦激光标记系统为Ⅳ级激光系统，激光波长 1064nm，为不可见光，对眼睛具有伤害性。在未打标时看到的红色光点为系统的定位红光指示，波长 670nm，对眼睛无伤害。表 3-1 中列出了这两种光的性能指标。

表 3-1　光的性能指标对照表

特　性	标记激光（二极管泵浦 Nd：YAG）	红光指示（二极管）
波长	1064nm	650nm
峰值功率	100kW	N/A
调制宽度	1～20μs	N/A
平均功率	20～75W	10mW
发散角	1.0mrad	0.35mrad
光束直径	3mm	1mm

3）计算机的安装。把计算机显示器放到控制柜上，打开控制柜后盖板，如图 3-11 所

示，连接计算机与显示器的接线，如图 3-12 所示，连接显示器电源线，连接鼠标和键盘线。

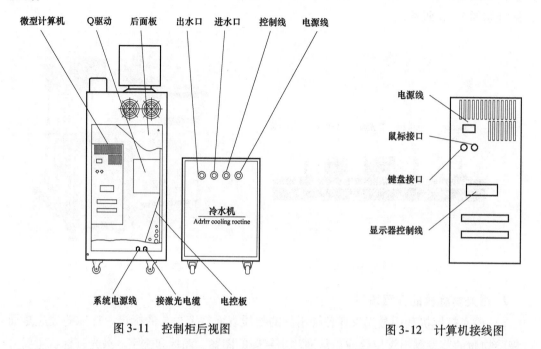

图 3-11　控制柜后视图　　　　　　　　　图 3-12　计算机接线图

4）水管的连接。把激光头的两根水管分别接到水冷机的进、出水管口，注意方向要求，防止渗漏。

5）向水冷系统的水箱注入纯净水。

①逆时针拧下水冷机上盖后侧的两个螺钉，向后推约 10cm 后取下水冷机的上盖，可看到水箱注水口。

②逆时针拧下水冷机上盖板的水箱注水口盖子。

③加入纯净水至水箱上限位置（看水位指示）。

④盖上水箱的注水口盖。

⑤盖上水冷机的上盖。

6）连接控制柜和水冷系统接线。打开控制柜后侧的后盖板，将控制线连接到水冷系统（控制线端口）和控制柜（水冷系统控制端口，6 芯航空插座）上。

7）连接控制柜和激光头接线。把激光头后侧引出的电缆中的两根线（＿＿＿＿＿＿＿＿＿＿＿芯航空插头和＿＿＿＿＿＿＿＿＿＿＿芯航空插头）分别接到控制箱后侧的两个航空插座上，如图 3-13 所示。

8）连接激光头与 Q 驱动器的接线。激光头后部接出的电缆线中有三根线，其中＿＿＿＿＿＿＿＿＿＿＿（使用 BNC 插头）需连接到控制箱中 Q 驱动上标记＿＿＿＿＿＿＿＿＿的插座上。

9）连接符合电力要求的电源。系统电力要求为 AC220V ± 10V，50 ～ 60Hz，15A。系统共配备两个 3A 熔断器，两个 5A 熔断器和两个 8A 熔断器。

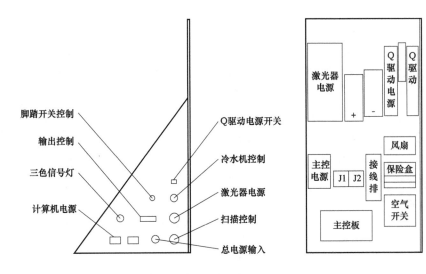

图 3-13　控制箱后侧接口

3. 水冷系统

1）水冷机的结构。水冷机的结构如图 3-14 所示，水冷机有两种工作方式：一种是当控制线与控制柜相连时，它自动受到系统电源开关 POWER（钥匙）的控制；另一种是当控制线未与控制柜相连，或者系统电源开关 POWER（钥匙）未开时，它可以通过本身的自带的"制冷控制开关"和"水泵开关"控制水冷机控温工作或者只进行水泵工作。

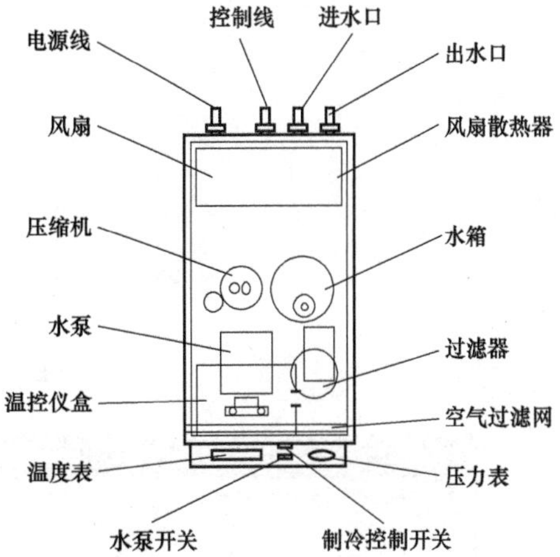

①水冷机制冷开关（COOL SW）：水冷机处于＿＿＿＿＿＿＿状态时，制冷开关上的灯亮，处于＿＿＿＿＿＿＿状态时灯灭。系统电源开关 POWER 转到＿＿＿＿＿＿＿状态时，水冷机打开，此开关自动切换到＿＿＿＿＿＿＿状态，开关上的灯亮。系统电源开关 POWER 转到＿＿＿＿＿＿＿状态时，水冷机关闭。此时按此开关，可单独打开水冷机。

②水泵开关（CWATER SW）：打开水泵开关，水冷机水泵运行（此时水冷机压缩机不运转，也可把水箱里的水通过出水口排出）。

图 3-14　水冷机的结构示意

③温度表：PV 为＿＿＿＿＿＿＿温度值，SV 为＿＿＿＿＿＿＿温度值。下面的三个钮为控制温度的调整钮。

④水压表：压力表的正常示数应为＿＿＿＿＿＿＿。

⑤水箱：盛放冷却水，本系统采用＿＿＿＿＿＿＿或＿＿＿＿＿＿＿水。

2）水冷系统控制温度的设定。图 3-15 所示为水冷机温度表面板。

PV 为＿＿＿＿＿＿＿水温，SV 为＿＿＿＿＿＿＿水温，可通过其右边的增加键和减小键进行调整。按下 <PAR> 键＿＿＿＿＿＿＿秒钟，PV 栏显示＿＿＿＿＿＿＿，

SV 栏显示对应的 AL1 设定值。此时，可通过其右边的增加键和减小键进行调整。再按下 <PAR> 键，PV 栏显示_____，SV 栏显示对应的 AL2 设定值。此时可通过其右边的增加键和减小键进行调整。AL1 为_____温值，AL2 为_____温值，SV 值应在 AL1 和 AL2 之间。当 PV 栏显示值低于 AL1 设定值时，低温报警，OP1 指示灯常亮；当 PV 栏显示值高于 AL2 设定值时，高温报警，OP2 指示灯常亮。

图 3-15　水冷机温度表面板

4. 软件使用

系统的主界面如图 3-16 所示，设置文本参数如图 3-17 所示，设置图形，如图 3-18 所示。

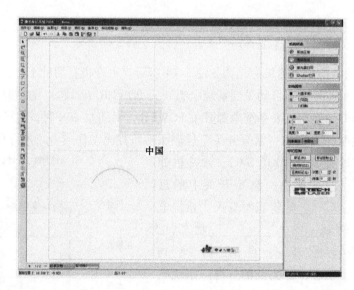

图 3-16　系统软件界面

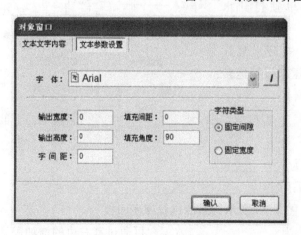

图 3-17　设置文本参数

图 3-18　设置图形

引导问题 你能够熟练地操作 ABB 机器人吗？

熟悉 ABB 机器人的基本操作是做好工业机器人激光打标工作站保养的基本要求。

1. ABB 机器人的组成如下：

1）图 3-19 所示机器人型号是＿＿＿＿＿＿＿＿＿＿，其应用领域包括＿＿＿＿＿＿＿＿＿。

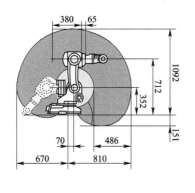
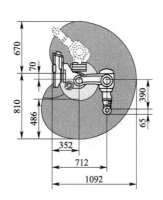
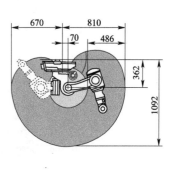

图 3-19 工业机器人

2）FlexPendant 示教盒可在恶劣的工业环境下持续运作，其触摸屏易于清洁，且防水、防油、防溅锡，如图 3-20 所示，其主要部件包括 A 连接线＿＿＿＿＿＿＿＿＿、B ＿＿＿＿＿＿＿＿＿、C ＿＿＿＿＿＿＿＿＿、D ＿＿＿＿＿＿＿＿＿。

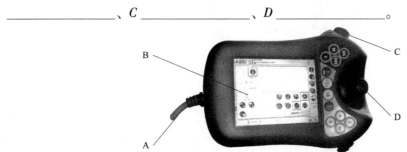

图 3-20 FlexPendant 示教盒

其手持姿势如图3-21所示。

3）机器人控制柜。机器人控制柜如图3-22所示。

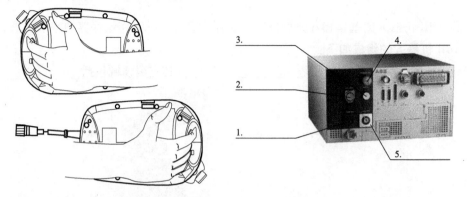

图3-21　手持姿势　　　　　　　　　图3-22　机器人控制柜

4）控制面板。控制面板如图3-23所示。

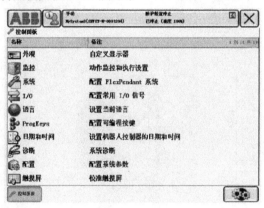

图3-23　控制面板

2. 基本操作如下：

程序运行轨迹如图3-24所示。

程序：

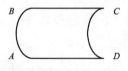

图3-24　程序运行轨迹

操作步骤：

三、明确安全注意事项

引导问题　在对工业机器人激光打标工作站进行保养作业时，有哪些安全注意事项？

1. 机器人工作站复杂而且危险性大，操作时必须遵守以下安全守则。

1）万一发生火灾，请使用二氧化碳灭火器。

2）急停开关（E-Stop）不允许被短接。

3）机器人处于自动模式时，不允许进入其运动所及的区域。

4）意外或不正常情况下，均可使用 <E-Stop> 键停止其运行。

5）在编程、测试及维修时必须注意，即使在低速时，机器人仍然是非常有力的，其动量很大。因此，必须将机器人置于手动模式。

6）气路系统中的压力可达 0.6MPa，任何检修都必须先切断气源。

7）在机器人工作完毕及程序运行结束后，必须及时释放使能器（Enable Device）。

8）调试人员进入机器人工作区时，须随身携带示教器，以防他人操作。

9）在得到停电通知时，要关闭机器人的主电源及气源。

10）突然停电时，要赶在来电之前关闭机器人的主电源，并及时取下夹具上的工件。

11）必须保管好机器人钥匙。严禁非授权人员在手动模式下进入机器人软件系统，随意翻阅或修改程序及参数。

2. 生产前准备确认的工作如下：

1）检查压缩空气，气压在 0.4~0.6MPa。

2）打开打标机、水冷机，检查是否正常，水冷机水箱水位是否在报警线以上。

3）检查机器人是否正常，确认机器人位置是否在原点。

4）吸盘夹具上无产品，夹具各气缸正常。

5）机器人搬运和打标区域无人，无产品，无工具及其他杂物。

检查情况：

_____

_____

四、运行检查

引导问题　怎样运行检查工业机器人激光打标工作站？

1. 示教器上调用程序的步骤（在程序关闭的情况下）如下：

点 ABB 图标（左上角）→ 程序编辑器 → 出现主程序 Main，光标箭头指在"PROC main（）"的下面即第一行即可。此时可将机器人设置为自动。

调用程序，使光标回到主程序第一行：点中间靠下的菜单"调试"→ 出现对话框，选择"pp 移至 Main"，光标即回到主程序第一行。

运行情况:

_____

_____

2. 操作步骤如下:

1）准备工作。打开激光打标机及其控制计算机、水冷机,取下打标机镜头上的盖子和压缩空气阀,清理上、下料台和打标台。

2）调用打标文档。启动打标软件,调出需要打标的文档,在软件界面的右下角点"单文档"按钮,在弹出来的对话框中点"信号检测",打标机准备就绪。

3）调用机器人程序。确认机器人在 Home 点,上下料台都是缩进的,关闭所有安全门,机器人示教器上调出主程序"main（ ）",主程序名"LaserMark001",确认光标箭头指在"PROC main（ ）"的下面即第一行。机器人钥匙置于自动模式（左边）,示教器显示屏点"确认",然后按电动机上电按钮。此时,三色灯的绿灯亮,机器人处在自动状态,准备就绪。

4）上料。按操作控制面板上的"启动"按钮,上料台伸出,人工将产品放在上料台上,靠紧左上角定位。再按"上料台进"按钮,气缸拉动上料台缩进。

5）搬运打标。按下"搬运打标"按钮,机器人自动检测后用右吸盘吸起产品放到打标台上,同时上料台伸出,机器人给打标机信号,开始打标。人工再次在上料台上放一个产品,按"上料台进"按钮,上料台缩进。如果连续上料,中间不需按"搬运打标"按钮。即房子里面只有一个产品时,需按"搬运打标"按钮,房子里面有 2~3 个产品时,不需按"搬运打标"按钮。

6）下料。人工将已打好标的产品从下料台上取下,然后按"下料台进"按钮,气缸拉动下料台缩进。

7）生产结束。工作站生产结束后,必须将机器人钥匙置于手动模式并确认回到Home 点,机器人不关机,锁定机器人示教器屏幕,然后关闭打标机及控制计算机、冷水机。

运行情况:

_____

_____

_____

_____

3. 打标机的参数设置如下:

打标机镜片组焦深约为 256mm,可使用手轮调节打标台面高度,已调好,光点最亮处即焦点位置。

4. 打标主要调整的参数如下:

打标主要调整的参数有 3 个,即电流、频率和速度。电流最大值 25A,打不锈钢通常用 18~22A。频率一般设置在 25kHz 以下,频率越低则每点能量越大。速度一般调在

2000mm/s 以下，速度越快则用时越少。电流和速度不变时，频率越大，则打标痕迹越浅，且打标时间不变。电流和频率不变时，速度越大，则打标痕迹越浅，打标时间越短。

5. 机器人的主程序介绍如下：

PROC main （）　_____

InitAll；　_____

MoveJ pHome1，v5000，z50，Tool_ Right \ WObj：= Wobj_ BB；　_____

PulseDO \ PLength：=0.2，Do1 LoadTableOut；　_____

WHILE Ntime > = 1 DO　_____

IF Ntime = 1 THEN　_____

CycleTime；　_____

GripNo_ 1；　_____

Incr Ntime；　_____

Incr nPCS；　_____

ELSEIF Ntime > = 2 THEN　_____

GripNo_ 2_ n；　_____

ENDIF　_____

ENDWHILE　_____

ENDPROC　_____

计划与实施

一、制订维护保养计划

引导问题　一个分工明确、科学有效的工作计划是如何制订的？

1. 填写工作安排表（表 3-2）。

表 3-2　工作安排表

序号	工 作 内 容	负 责 人
1		
2		
3		
4		
5		
6		
组长（签名）：		年　月　日

2. 制订工业机器人激光打标工作站维护保养工作流程（表 3-3）。

表3-3　工业机器人激光打标工作站维护保养工作流程

流　程　图
填写人（签名）：　　　　　　　　　　　　　　　　　　　　　　　　　　年　　　月　　　日

二、制作维护保养卡

 引导问题　如何制作 ABB 机器人激光打标工作站维护保养卡？

　　购买 IRB140 机器人、DPY－M50 打标机、夹具等设备时，制造商配备了专门的维保检修卡，请根据机器人系统集成商提供的设备维护保养说明书编制 ABB 机器人激光打标工作站的维护保养卡。

　　1. ABB 机器人激光打标工作站的维护保养卡（表3-4）如下：

表3-4　ABB 机器人激光打标工作站的维护保养卡

序号	名称	保养内容	保养记录
1	风机清洁	风机长时间使用后，里面会积累很多灰尘，让风机产生很大噪声，也不利于排气和除味。当出现风机吸力不足或排烟不畅时，应首先关闭电源，将风机上的入风管与出风管卸下，除去里面的灰尘，然后将风机倒立，并拨动里面的扇叶，直至清洁干净，然后将风机安装好	
2	螺纹紧固件、联轴器等的紧固	运动系统在工作一段时间后，运动连接处的螺纹紧固件、联轴器等会产生松动，会影响机械运动的平稳性，所以在机器运行中要观察传动部件有没有异响或异常现象，发现问题要及时紧固和维护。此外，每过一段时间就应逐个紧固螺纹紧固件。第一次紧固应在设备使用后的一个月左右	

（续）

序号	名称	保养内容	保养记录
3	镜片的清洁	建议每天工作前清洁，设备须处于关机状态。雕刻机上有3块反射镜和一块聚焦镜（1号反射镜位于激光管的发射出口处，也就是机器的左上角，2号反射镜位于横梁的左端，3号反射镜位于激光头固定部分的顶部，聚焦镜位于激光头下部可调节的镜筒中），激光是通过这些镜片反射、聚焦后从激光头发射出来。镜片很容易沾上灰尘或其他的污染物，造成激光的损耗或镜片损坏，1号与2号镜片清洗时无须取下，只需将蘸有清洗液的擦镜纸小心地沿镜片中央向边缘旋转式擦拭。3号镜片与聚焦镜需要从镜架中取出，用同样的方法擦拭，擦拭完毕后原样装回即可	
4	光路的检查	激光雕刻机的光路系统是由反射镜的反射与聚焦镜的聚焦共同完成的，在光路中聚焦镜不存在偏移问题，但三个反射镜是由机械部分固定的，偏移的可能性较大，虽然通常情况下不会发生偏移，但建议每次工作前务必检查一下光路是否正常	
5	水的更换与水箱的清洁	每星期清洗水箱并更换一次循环水，循环水的水质及水温直接影响激光管的使用寿命，建议使用纯净水，并将水温控制在35℃以下。如超过35℃则需更换循环水，或向水中添加冰块降低温度（建议选装冷却机，或使用两个水箱）。清洗水箱时，首先关闭电源，拔掉进水口水管，让激光管内的水自动流入水箱内。再打开水箱，取出水泵，清除水泵上的污垢。然后将水箱清洗干净，更换循环水，安装水泵，将连接水泵的水管插入进水口，整理好各接头。把水泵单独通电，并运行2～3min使激光管充满循环水	

填写人（签名）：　　　　　　　　　　　　　　　　　　　　　　　　　　　　　　　年　　月　　日

2. ABB机器人的保养，见表3-5。

表3-5　ABB机器人保养表

一、检查机器人本体的状态
1. 电缆状态
信号电缆、动力电缆、用户电缆、底电缆、立臂电缆
2. 各轴齿轮箱密封状态
漏油、渗油、齿轮箱状态
3. 机器人各轴功能
自动手动运行平稳，无异响，停机正常
4. 机器人各轴电动机状态
接线牢固，状态平稳

（续）

5. 更换齿轮箱润滑油
二、检查机器人控制柜的状态
1. 机器人的软件检查与备份
安装软件，机器人备份
2. 机器人系统参数的检查
Commutation 与 calibration
3. 机器人 SMB 电池
一组电池（镍铬电池）电压
4. 机器人示教器功能
所有按键有效，急停回路正常，可实行所有功能
5. 机器人动力电压
AC380V，AC262V
6. 冷却风扇的状态
检查所有冷却风扇，并进行清洁
7. 机器人控制系统检查
主机板、内存板、机器人计算机控制面板
8. 机器人驱动系统检查
DC – LINK、各轴驱动板
9. 机器人 I/O 检查
机器人系统板 CAN – BUS 接线，输入输出板的状态

3. 根据我国三级保养制度制订 ABB 机器人激光打标工作站的维护保养卡。

三、领取工具

引导问题　进行 ABB 机器人激光打标工作站的维护保养时，需要使用什么工具和设备？

　　根据设备维护保养计划，选择不同的工具和材料实施保养作业，如果技术人员对特种设备的保养要求不够了解，可以查阅相关资料或者询问供应商。

　　填写 ABB 机器人激光打标工作站保养表（表3-6）。

表3-6　ABB 机器人激光打标工作站保养表

序号	保 养 内 容	工具/设备	备　注
1			
2			
3			
4			
5			
6			
7			
8			
9			
10			
填写人（签名）：			年　　　月　　　日

四、实施维护保养作业

引导问题　如何按照维护保养卡的内容进行设备的保养作业？

　　根据制作的维护保养卡（表3-7）进行设备点检和保养作业，在点检过程中要注意安全操作，清洁、润滑、调整等保养作业前应关闭设备的电源，防止触电。

表3-7　维护保养卡

设备名称	点　检　点	保 养 记 录	备　注
填写人（签名）：			年　　　月　　　日

☞ **评价与反馈**

一、反馈异常信息

❓ **引导问题** 在维护保养过程中如何对异常信息进行记录？

1. 根据所制订的维护保养卡，选用正确的工具、材料完成 ABB 机器人搬运激光打标系统的保养作业，并做好记录（表3-8）。

表3-8 维护保养作业异常信息记录表

1.
2.
3.
4.
5.
填写人（签名）：　　　　　　　　　　　　　　　　　　　　　　　　年　　月　　日

2. 根据本次学习任务的完成情况填写评价表

1）自我评价（表3-9）。

表3-9 自我评价表

序号	评价项目	是	否
1	是否严格遵守生产安全作业规范	是□	否□
2	能否正常操作机器人工作站	是□	否□
3	能否填写完成工作页	是□	否□
4	是否检查起源气压	是□	否□
5	是否检查水冷机的水位及水温	是□	否□
6	是否完成系统清洁工作	是□	否□
7	是否能解除机器人报警	是□	否□
8	能否正确使用示教机器人编辑运动路径	是□	否□
9	是否完成小组安排的任务	是□	否□
10	着装是否规范	是□	否□
11	是否积极参与实训场地的保洁	是□	否□
评价人（签名）　　　　　　　　　　　　　　　　　　　　　　　年　　月　　日			

2）小组评价（表3-10）。

表3-10　小组评价表

序号	评 价 项 目	评　　价
1	能自主学习及相互协作，尊重他人	
2	小组合作完成任务	
3	团队合作，注重沟通	
4	分工明确，有效率	
5	服从教师的安排，遵守学习场所管理规定，遵守纪律	
6	安全、规范操作	
7	能正确地理解他人提出的问题	
8	能否保持工作环境的干净整洁	
9	遵守工作场所的规章制度	
10	全勤	
11	完成 ABB 机器人激光打标工作站的保养	
评价人（签名）：		年　　月　　日

3）教师评价（表3-11）。

表3-11　教师评价表

序号	评 价 项 目	评 价 情 况
1	是否按规定完成工作页的填写	
2	是否合理制订保养工单	
3	能否正确操纵机器人激光打标工作站	
4	工作中是否符合 6S 管理规定	
5	对本次保养作业中是否有提出有效建议	
6		
7		
评语：评价人（签名）		年　　月　　日

二、学习拓展

1. 水冷机使用的是什么水？如何更换？

_____

_____

2. 如何为 ABB IRB140 机器人更换电池？

_____

_____

任务四 工业机器人火焰切割工作站的保养

建议学时

8 学时。

内容结构

本任务的内容结构如图 4-1 所示。

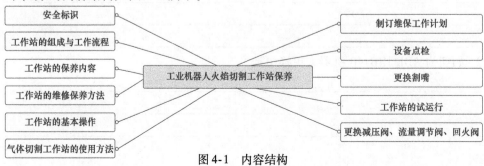

图 4-1   内容结构

任务描述

　　根据系统集成商提供的维护保养卡，使用专用工具，按照规定的维护保养时间，制订工业机器人火焰切割工作站的维护保养工作流程，定期检查设备的安全性，统计系统故障，更换耗材，并对已完成的工作进行记录，存档并反馈给系统集成商，自觉保持安全作业，遵守6S的工作要求。

第一部分　任务准备

一、熟悉系统

引导问题　工业机器人火焰切割工作站（图4-2）是钢板分割工作的常用设备，它的成本低，是切割厚金属板一种经济有效的手段。该工作站一共由几部分组成？每一部分的功能是什么？

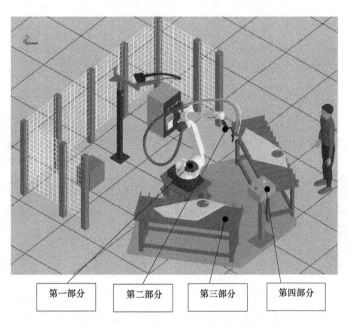

| 第一部分 | 第二部分 | 第三部分 | 第四部分 |

图4-2　工业机器人火焰切割工作站

1. 工业机器人火焰切割工作站的每一部分都包含哪些组成结构？

第一部分：机器人系统

主要包括＿＿＿＿＿＿＿＿＿＿＿＿＿＿＿＿＿＿＿＿＿＿＿＿＿＿＿＿＿＿＿＿＿＿＿＿＿。

第二部分：火焰切割工作站总成

主要包括＿＿＿＿＿＿＿＿＿＿＿＿＿＿＿＿＿＿＿＿＿＿＿＿＿＿＿＿＿＿＿＿＿＿＿＿＿。

第三部分：设备底座及工作平台

主要包括_____。

第四部分：电气系统

主要包括_____。

2. 在工业机器人火焰切割工作站中，每一部分都有自己特定的功能，图4-2所示的每一部分在火焰切割工作中的功能是什么？

1）工业生产中，火焰切割的专用设备有很多种，本工作站采用_____作为火焰切割的载体，其型号是_____；该载体相比其他设备的优缺点分别是什么？

_____

_____

_____。

2）在火焰切割工作站总成部分采用了美国捷锐公司火焰切割的配套产品，如图4-3所示，该产品在火焰切割工作中的功能是_____，该产品的特点是什么？

_____

_____

_____

3）如图4-4所示，工业机器人火焰切割工作站中使用的工作平台主要由_____材料制成，其制作要求是_____。

图4-3 火焰切割总成    图4-4 火焰切割平台

4）在工业生产中，工业机器人底座的高低通常是根据工作站的要求和机器人的运动范围来制订的。本工作站采用的机器人底座的高度为_____，

机器人底座的功能是_____。

5）本工作站采用_____路气体。这些气体的气源是否相同？如果不相同，则每路气体的气源分别是什么？

_____

_____

6）工业机器人火焰切割工作站采用了＿＿＿＿＿＿＿＿型号的 PLC 对系统进行控制，其电路控制系统包含了操作台支架、控制面板、开关按钮、＿＿＿＿＿＿＿＿、＿＿＿＿＿＿＿＿及连接电缆（电缆支架、电缆防护钢丝套）。

3. 火焰切割方法有割炬切割和切割机切割两种。请查阅资料说明两种方法的区别，并说明本工作站采用的是哪一种切割方法。

_____

_____

_____

_____

_____ 。

4. 火焰切割的原理是什么？与等离子切割相比，火焰切割的优点在哪里？

_____

_____

二、明确安全注意事项

引导问题　火焰切割的工作环境高危恶劣，不适合人工操作，在工业生产中一般选择使用专用设备或机器人来代替人工操作。在使用工业机器人火焰切割工作站工作时，应该注意哪些安全事项？

1. 火焰切割工作站如图 4-5 所示，在开始工作前需要对整个系统进行一次全面检查。如何检查工业机器人火焰切割工作站总成？机器人开机前需要注意哪些安全注意事项？

图 4-5　火焰切割工作站

1）操作火焰切割机前，需要对气动回路进行检查，包括各气路＿＿＿＿＿＿＿＿，阀门＿＿＿＿＿＿＿＿，气体安全互锁装置是否有效。

2）火焰切割气瓶如图 4-6 所示。在工业机器人火焰切割工作站工作过程中使用了两种气体，分别是 ＿＿＿＿＿＿＿＿ 和 ＿＿＿＿＿＿＿＿，其工作压力分别是＿＿＿＿＿＿＿＿ 和 ＿＿＿＿＿＿＿＿，系统中所允许的各气路气压范围是

_____和_____。

图4-6　火焰切割气瓶

3）火焰切割总成的工作电压是_____。在工作过程所允许的最大电压是_____。

4）为了达到切割工艺的要求，工业机器人火焰切割工作站需要在稳定的环境中工作，设备周围应避免_____。

5）工业机器人火焰切割工作站设备动力源线应_____，并需要附带有_____。

6）工业机器人火焰切割工作站采用了图4-7所示的广数机器人来自动完成火焰切割工作。机器人作为火焰切割枪的载体是通过_____来进行连接的。为了防止意外，在机器人控制柜上设计了_____。在操作机器人之前需要做那么准备工作呢？为什么？

_____

_____

_____

图4-7　广数机器人

2. 不同的产品对工业机器人火焰切割工作站的工艺要求是不同的，对安全的要求也是不同的。在工作过程中应注意哪些安全事项？

1）在火焰切割过程中，需要根据板厚和材质选择适当的割嘴。本次任务所采用的板料厚度为＿＿＿＿＿＿＿＿＿，所采用的割嘴型号是＿＿＿＿＿＿＿＿＿，采用这种型号割嘴的目的是＿＿＿＿＿＿＿＿＿＿＿＿＿＿＿＿＿＿＿＿＿＿＿＿＿＿＿＿＿＿＿＿＿＿＿＿。

2）火焰切割过程如图4-8所示。在火焰切割过程中，需要根据不同的板厚和材质设定机器人的切割速度和＿＿＿＿＿＿＿＿＿，设定预热氧和＿＿＿＿＿＿＿＿＿合理的压力。操作人员应按给定切割要素规定选择切割速度，不允许单纯为了提高工效而增大设备的负荷。在设备的使用寿命、效率和环保之间我们如何取舍呢？＿＿＿

3）在火焰点燃后，工作站的任何设备不得接触火焰区域。其原因是什么？如果不这样做会出现什么异常情况？＿＿

4）当火焰切割枪开始喷火并产生稳定的火焰时需要检查＿＿＿＿＿＿＿＿＿＿＿和＿＿＿＿＿＿＿＿＿，如发现＿＿＿＿＿＿＿＿＿＿＿＿＿＿＿＿＿则说明火焰切割割嘴（图4-9）有损坏，应及时清理或更换。清理割嘴时应用＿＿＿＿＿＿＿＿＿等专用工具清理。该清理工具在清理喷嘴时有什么优点？＿＿＿

图4-8 火焰切割过程

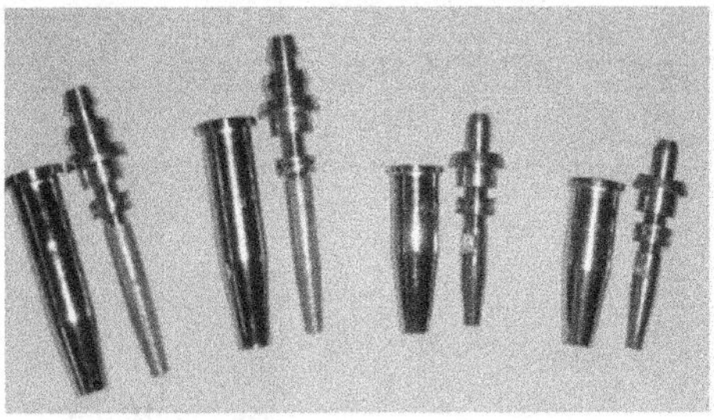

图4-9 火焰切割割嘴

5）火焰切割工作是一种高危工作。为了减小工业机器人火焰切割工作站的危险性，需要安装回火装置。在本工作站中设计了＿＿＿＿＿＿＿＿＿个回火装置，这样设计的优点是什么？如果在切割过程中发生回火现象，需要如何修正？＿＿＿

6）操纵机器人时，为了保证安全，工作人员＿＿＿＿＿＿＿＿＿操作，无关人员不准擅自操纵机器人，以免损坏机器或程序，数据丢失。操作员与机器人保持＿＿＿＿＿＿＿＿＿（正面/侧面/后面），要时刻注意设备运行状况，严格遵守操作步骤。

机器人运行时，应检查机器人动作有无异常，如发现有异常情况，应立刻按下_____，以最快速度退出工作位。这样做的目的是什么呢？在机器人自动运行过程中禁止开机脱离现场。

_____

_____

　　7）操作人员只允许_____，其余零件不能随意拆卸，电气接线盒只允许有关人员检修时打开。

　　3. 火焰切割工作中，每切割完一个工件后，应将割炬提升回原位，待运行到下一个工位时，再进行切割，直到切割工作完成。在工业机器人火焰切割工作站正常停止工作后，应注意哪些安全因素？需要对业机器人做哪些工作？

　　1）在火焰切割枪熄火之后，关闭气源和_____，气管内残留气应_____，切割枪应回到_____位。

　　2）通气或更换气体和清理_____必须按有关危险气体安全操作规程执行。

　　3）如果_____制度，应将当班设备运行状况做好交接班记录。

　　4）操作者不得随意把外来程序输入机器人，以防_____。只许使用机器人经销商认可的专用软件。

　　5）应认真清理工作场地，保持工作区内的_____。

　　6）工业机器人在停止工作前应使机器人回到_____位，示教用完需放回原存放处。如果不这样做会出现什么问题？

_____

_____

_____

第二部分　计 划 与 实 施

一、领取维护保养卡

　　引导问题　为了延长工业机器人火焰切割工作站的使用寿命，提高生产效率，需要定期对工作站进行维护和保养。

　　1. 如图4-7所示，广数工业机器人在本系统中作为标准件，其型号是_____。

　　2. 广数工业机器人作为标准设备，在出厂时，厂家一般都会提供一份完整的设备维护保养资料。请查阅该资料，找出广数工业机器人维护保养卡的内容，并将该内容填入表4-1。

表4-1　广数工业机器人维护保养卡

广数工业机器人日常维护保养卡			
设 备 名 称	维 护 保 养 项 目	异　　常	备　　注
控制柜本体			
柜内风扇及背面导管式风扇			
急停键			
安全开关			
电缆线			
电源			
熔断器			
机器人本体	各轴运动是否正常		
	机器人有无颤抖		
	机器人有无漏油		
	机器人运动有无噪声		
	机器人有无生锈		
	机器人有无刮痕、碰撞		
机器人本体	零点是否丢失		
其他			
说明：		维保人签名：　　　年　月　日	
		客户签名：　　　　年　月　日	

　　3. 本次任务所用工业机器人火焰切割工作站采用的是美国锐捷公司的全自动火焰切割总成，请完成火焰切割总成维护保养卡表4-2。

表4-2 火焰切割总成维护保养卡

火焰切割总成维护保养卡			
设 备 名 称	维 护 内 容	异 常	备 注
喷枪本体	本体的垂直度		
电缆线			
气瓶	直立稳固放置		
	无碰撞或损坏		
	气瓶阀与气体进出口螺纹联接处无使用润滑油		
电源			
火焰切割枪	设备运转中是否有异常声音		
流体系统	供气种类		
	供气压力		
	管路连接处是否漏气		
	各阀是否漏气		
	是否配备灭火器		
	软管破损处是否未用胶布包扎		
其他			

说明:	维护保养人签名: 年 月 日
	客户签名: 年 月 日

4. 控制系统和工作台的维护保养有哪些内容？请完成表4-3。

表4-3 控制系统和工作台维护保养卡

设 备 名 称	维 护 保 养 内 容	异 常	备 注
PLC 控制电路	PLCI/O 有多少个输入、输出		
	PLC 是否正常工作		
	PLC 电路连接线是否完好		
电缆线			
电源			
电压			
工作台	保持工作台面清洁		
	工作台是否水平		
	定位销是否齐全		
	工作台是否需要重定位		
操作台	急停按钮是否正常		
其他			
说明：		维护保养人签名：　　　　年　月　日 客户签名：　　　　年　月　日	

二、明确维护保养方法

引导问题 如何实施工业机器人火焰切割工作站设备的日常维护保养？

1. 不同的维护保养项目，其维护保养的周期是不同的。工业工业机器人火焰切割工作站中的设备维护保养周期分为＿＿＿＿＿＿＿＿＿＿＿＿＿＿＿＿＿＿＿＿＿＿＿＿＿＿＿＿＿＿＿＿＿＿＿

＿＿。

2. 通常将设备的保养分为设备的三级保养为日常保养、一级保养和＿＿＿＿＿＿＿＿

＿＿＿＿＿＿＿，见表4-4。在日常维护工作中许多系统设备的维护保养方法是相同的。对于工业机器人火焰切割工作站的维护保养项目维护保养工作人员需要掌握哪些维护保养方法?

表4-4　设备的三级保养

序号	名　称	维保方法
1	设备点检	依靠五感(视、听、嗅、味、触)进行检查 1)压力——调整气压阀(不超压) 2)温度——是否在要求范围内(不超温) 3)流量——是否异常变化(忽高或忽低) 4)泄漏——用水测试无泄漏 5)给脂状况——润滑良好 6)异响——无异响 7)振动——振动频率符合要求(无异常振动) 8)龟裂(折损)——无明显裂纹和损坏 9)磨损——磨损量符合要求 10)松弛——紧固件无松动、连接件无松弛
2	设备"十字"保养	1)清洁——设备外观及配电箱(柜)无灰垢、油泥 2)润滑——设备各润滑部位的油质、油量满足要求 3)紧固——各连接部位紧固 4)调整——有关间隙、油压、安全装置调整合理 5)防腐——各导轨面、金属结构件及机体清除掉腐蚀介质的浸蚀及锈迹
3	小修理	使用专用工具对小零件进行修理和更换
4	紧固、调整	检查弹簧、传动带、螺柱、制动器、限位器、机器人地脚螺栓等,使用专用工具进行紧固和水平调整
5	清扫	1)工作台、线槽、机器人及各设备进行非解体清扫 2)坚持每天一小扫,周末大清扫,月底节前彻底扫,定期进行评比 3)周末一般设备清扫1小时左右,大型、关键设备2h左右,月底一般清扫1~2h,大型、关键设备2~4h
6	给油脂	给机器人的补油和生锈部分上油
7	排水	定时给工作台的水槽排水
8	使用记录	做好记录点检内容及检查结果
9	异常处理	设备若出现故障,应及时请维修人员处理。故障问题较严重时,应先报设备处组织有关人员会审,确定维修方案。严禁私自拆机检查
10	其他	

💭 维护保养工作人员通常可以通过人的五感（视、听、嗅、味、触）或简单的工具、仪器，对系统设备上的特定部位（点）进行有无异常的预防性周密检查，以使设备的隐患和缺陷能够得到早期发现，早期预防，早期处理。

三、制订维护保养计划

引导问题　工业机器人火焰切割工作站在实施年保之前需制订哪些维护保养计划和维护保养工作流程？

1. 在本任务中对工业机器人火焰切割工作站设备进行的年保工作属于＿＿＿＿＿＿＿＿＿＿＿＿＿＿点检。一般的操作员能完成这样的工作吗？如果不能，那么需要哪种类型的工作人员完成？

_____

_____

2. 工业机器人火焰切割工作站的工作环境具有高危、高温、高压等工作的特点。为了保证安全生产，每年都要对其进行一次全面的维护和保养。工业机器人火焰切割工作站年保都包括哪些保养项目？如何进行维护保养？请将维护保养的内容填入表4-5。

表4-5　工业机器人火焰切割工作站年度维护保养计划

设备名称	维护保养步骤	维护保养方法	备　注

（续）

设 备 名 称	维 保 步 骤	维 保 方 法	备　注
其他			
制订人：		年　月　日	

3. 请根据维提供的维护保养卡将工业机器人火焰切割工作站年度维护保养工作中需要使用的工具填入表4-6中。

表4-6　工具领用表

保　养　点	使用工具

领用人：　　　　　　　　　　　　　　　　年　　　月　　　日

4. 本任务需要团队成员团结一致，分工协作完成。请将工业机器人火焰切割工作站维护保养小组分工安排情况填入表4-7中。

表4-7　　　　　　　　　　方案设计小组工作分工安排表

序　号	工作内容	负　责　人
1		
2		
3		
4		
5		
6		

组长：　　　　　　　　　　　　　　　　年　　　月　　　日

5. 请制订工业机器人火焰切割工作站年保维护保养流程。填入表4-8 中。

表 4-8 工业机器人火焰切割工作站年度维护保养流程表

流程表/流程图
说明：

制图人：　　　　　日期：　　年　　月　　日

四、实施维护保养作业

引导问题　维护保养工作人员在实施维护保养作业时需要严格按照维护保养卡的内容进行。如何监控维护保养作业过程？

1. 请根据工具领用表内容，检查工业机器人火焰切割工作站年度维护保养工具是否备齐。

（1）机器人部分

1）机器人的底座螺栓有没有适合的工具紧固？　　　　　　　　　　　　（　　）

2）机器人的轴生锈有没有油布上油？　　　　　　　　　　　　　　　　（　　）

3）机器人主机箱有没有适合的工具进行打扫？　　　　　　　　　　　　（　　）

4）机器人六轴上的起动吸盘有没有工具进行拆换或者紧固？　　　　　　（　　）

5）机器人电源线有磨损有没有合适的电源胶布？　　　　　　　　　　　（　　）

6）机器人轴连接点有没有合适工具进行紧固？　　　　　　　　　　　　（　　）

7）机器人示教盘有没有干净的清洁工具进行维护保养？　　　　　　　　（　　）

（2）火焰切割总成部分

1）有无工具紧固火焰切割枪？　　　　　　　　　　　　　　　　　　　（　　）

2）火焰切割总成有无合适的火焰切割枪头备品？　　　　　　　　　　　（　　）

3）气瓶有无合适的工具进行稳固？　　　　　　　　　　　　　　　　　（　　）

4）瓶阀周围的油渍和危险品有无工具清除？　　　　　　　　　　　　　（　　）

5）减压器有无合适的工具锁紧？　　　　　　　　　　　　　　　　　　（　　）

6）有无专用工具检查减压器与瓶阀连接处是否漏油？　　　　　　　　　（　　）

7）有无合适的工具锁紧软管？　　　　　　　　　　　　　　（　　）

8）有没有合适的工具对软管进行清理？　　　　　　　　　　（　　）

9）有没有固定气管的扎带？　　　　　　　　　　　　　　　（　　）

10）有无合适的工具连接软管和割炬？　　　　　　　　　　（　　）

11）有无工具检验减压阀中有没有气体？　　　　　　　　　（　　）

12）有没有相应的安全标识标签？　　　　　　　　　　　　（　　）

（3）外围设备部分

1）火焰切割平台是否有合适的工具固定？　　　　　　　　　（　　）

2）顶针是否有合适的工具清理？　　　　　　　　　　　　　（　　）

3）是否有合适的工具对生锈的工作台面进行维护保养？　　　（　　）

4）是否有合适的工具对水箱进行维护？　　　　　　　　　　（　　）

5）是否有合适的工具对气源进行维护？　　　　　　　　　　（　　）

6）是否有合适的工具对电控柜进行清扫？　　　　　　　　　（　　）

7）是否有合适的工具对操作台进行维护保养？　　　　　　　（　　）

2. 请根据工业机器人火焰切割工作站的维护保养卡对系统进行全面的年度保养，并根据表4-9和表4-10检查维保工作是否已完成。

1）开机前点检（表4-9）。

表4-9　工作站点检表

名称	点检点	是否有异常		备　注
机器人	1. 机器人各轴是否有裂痕	是□	否□	
	2. 机器人各螺纹紧固件有无松动	是□	否□	
	3. 机器人各轴有无生锈	是□	否□	
	4. 机器人有无漏油	是□	否□	
	5. 机器人内部有没有明显的灰尘	是□	否□	
	6. 机器人电源开关有无损坏	是□	否□	
	7. 机器人电源线是否有脱落	是□	否□	
	8. 机器人急停按钮是否关闭	是□	否□	
	9. 电源变压器表盘是否损坏	是□	否□	
	10. 机器人电源线有无磨损	是□	否□	
	11. 机器人六轴与火焰切割枪连接有无松动	是□	否□	
火焰切割总成	1. 是否备有便携式灭火器	是□	否□	
	2. 气瓶是否直立放置稳固	是□	否□	
	3. 气瓶是否有损坏或明显碰撞痕迹	是□	否□	
	4. 气瓶阀与气体进出口螺纹联接处是否有润滑油	是□	否□	
	5. 连接软管是否有损伤	是□	否□	
	6. 是否使用胶布包扎软管破损处	是□	否□	
	7. 火焰切割枪主体是否垂直	是□	否□	

（续）

名称	点 检 点	是否有异常	备 注
外围设备	1. 机器人工作台是否稳固	是□　　否□	
	2. 气管是否有磨损	是□　　否□	
	3. 连接线扎带是否脱落	是□　　否□	
	4. 电磁阀是否有损坏	是□　　否□	
	5. 气动三联件是否有损坏	是□　　否□	
	6. 工业机器人火焰切割工作站是否有杂物	是□　　否□	
	7. 顶针是否缺损	是□　　否□	
工作场所	1. 有无合理的逃生路线	是□　　否□	
	2. 是否佩戴防护手套和护目镜	是□　　否□	
	3. 工作服是否有破损	是□　　否□	
	4. 机器人安全标识有无脱落	是□　　否□	
	5. 机器人名牌有无脱落	是□　　否□	
	6. 工作场所有无垃圾	是□　　否□	
	7. 工作场所有无明显的安全操作规程	是□　　否□	

检测员：　　　　　　　　　　　　　　　　日期：　　　年　　月　　日

2）开机检查（表4-10）。

表4-10 ＿＿＿工作站开机检查表

名称	点 检 点	是否有异常	备 注
安全	是否注意了系统的安全标识	是□　　否□	
	是否准备好了突发事件的逃离路线	是□　　否□	
	是否需要安全帽、安全鞋	是□　　否□	
	是否有监护人一起协同带电协同工作	是□　　否□	
机器人	机器人的型号		
	电源变压器箱电压是否正常	是□　　否□	
	机器人控制柜工作是否正常	是□　　否□	
	机器人示教盒显示是否正常	是□　　否□	
	机器人各轴的运动是否正常	是□　　否□	
	机器人的运动是否有噪声	是□　　否□	
	机器人系统的急停按钮是否正常	是□　　否□	
	各轴的生锈处是否已抹油	是□　　否□	
	机器人的运动是否出现报警	是□　　否□	

（续）

名称	点检点	是否有异常		备注
	是否使用氧气和可燃气体吹去衣服上的灰尘	是□	否□	
	火焰切割枪能否正常启动	是□	否□	
	火焰切割枪能否正常停止	是□	否□	
	是否用捡漏器或已认可的检漏仪捡漏	是□	否□	
	乙炔减压器的工作压力是否小于0.1MPa	是□	否□	
	是否清除了瓶阀周围可能的油渍及危险物品	是□	否□	如果瓶阀处有油或者润滑油，则停止使用，并与供应商联系
	是否确认减压阀的调压范围	是□	否□	
	是否确认减压阀适合于何种气体	是□	否□	
	是否清除减压阀进气口的油渍及危险物品	是□	否□	如果瓶阀处有油或者润滑油，则停止使用，并拿到附近维修店维修
	是否将减压器装在相应的气瓶上，并锁紧	是□	否□	
火焰切割总成	是否逆时针旋转调压手柄，使调压弹片处于自由状态，并关闭流量计调节旋钮	是□	否□	打开瓶阀时，如果调压手柄没有完全旋松则瞬时压力则有可能损坏膜片，从而导致减压器失效，严重时会伤害人身
	是否慢慢打开瓶阀	是□	否□	
	使用专用设备检查减压器与瓶阀连接处是否漏气	是□	否□	
	打开瓶阀时是否正对或背对减压阀	是□	否□	不能正对或背对
	乙炔阀是否开到最小	是□	否□	
	开启瓶阀时，调压手柄是否处于完全放松状态	是□	否□	
	是否对软管进行了吹气处理	是□	否□	
	吹气处理中是否允许0.03MPa以下气体通过	是□	否□	
	气体通过时间是否在10s左右	是□	否□	
	是否将减压阀的压力和流量调到需要的范围	是□	否□	
	对二氧化碳气体减压阀使用应注意哪些事项			
	是否关闭出气口	是□	否□	
	是否站在气瓶一侧，快速开辟瓶阀，以便清洁阀口	是□	否□	不要正对阀口，也不要开启时间太长，否则排气的反向压力会使气瓶翻倒

（续）

名　称	点　检　点	是否有异常		备　注
外围设备	气源是否打开	是□	否□	
	气压表工作是否正常	是□	否□	
	气压是否正常	是□	否□	
	气管是否漏气	是□	否□	
	电子阀是否正常工作	是□	否□	
	吸盘能否吸起药片	是□	否□	
	电控柜工作是否正常	是□	否□	
	急停按钮是否正常工作	是□	否□	
	系统喜欢是否传输正常	是□	否□	
	PLc 控制是否正常	是□	否□	
	机器人全速运动底座是否晃动	是□	否□	
	生锈的部件是否已抹油	是□	否□	
检测员		年　　月　　日		

3. 在处理完系统的异常信息之后，需要对系统进行最后的整理和清洁，通过以下提示，检查清洁和整理工作是否已达到 6S 管理要求？

1）机器人电源开关是否关闭？　　　　　　　　　　　　　　　　（　　　）

2）机器人各轴是否运动到停止工作状态？　　　　　　　　　　　（　　　）

3）机器人紧急停止按钮是否处于关闭状态？　　　　　　　　　　（　　　）

4）火焰切割枪是否在停止工作状态？　　　　　　　　　　　　　（　　　）

5）火焰切割平台是否打扫干净？　　　　　　　　　　　　　　　（　　　）

6）水槽是否打扫干净？　　　　　　　　　　　　　　　　　　　（　　　）

7）机器人是否打扫干净？　　　　　　　　　　　　　　　　　　（　　　）

8）火焰切割总成是否打扫干净？　　　　　　　　　　　　　　　（　　　）

9）工具是否齐全？　　　　　　　　　　　　　　　　　　　　　（　　　）

10）工具是否摆放整齐？　　　　　　　　　　　　　　　　　　（　　　）

11）场地卫生是否清扫干净？　　　　　　　　　　　　　　　　（　　　）

12）清洁工具是否摆放整齐？　　　　　　　　　　　　　　　　（　　　）

13）保养表和点检表是否收齐？　　　　　　　　　　　　　　　（　　　）

第三部分　评 价 与 反 馈

一、异常信息反馈

引导问题　维保工作完成后，应对出现的异常信息进行汇集，为以后设备的维修和管理保留一份可供参考的资料。

1. 点检完设备需要对有异常的设备进行简单的维护和保养，并对出现的异常信息进行记录，为以后设备的维修和管理保留一份可供参考的资料。点检过程中都有哪些异常信息呢？请完成工业机器人火焰切割工作站的异常信息记录表（表4-11）。

表4-11　异常信息记录表

故　障　点	备　注
其他	
记录人：　　年　月　日	点检员：　　年　月　日

2. 自我评价（表4-12）。

班级：　　　　　　姓名：　　　　　　学习任务名称：

表4-12　自我评价表

序号	评价项目	是	否
1	能否独立完成工作页任务的准备部分		
2	能否正确使用维护保养工具		
3	能否按照流程进行年度保养工作		
4	能否注意工作站的安全		
5	能否叙述工作站的安全功能		
6	能否明确维护保养工作人员的职责		
7	是否使用了维护保养资料		
8	能否完成年度保养工作		
9	能否完成小组分配的任务（工作页的填写情况）		
10	工作着装是否规范		
11	是否主动参与工作现场的清洁和整理工作		
12	在本次任务过程中，是否主动帮助同学		
13	是否完成了异常信息的记录		
14	是否完成了清洁工具和维护工具的摆放		
15	对自己的表现是否满意		
评价人：		年　　月　　日	

3. 小组评价（表4-13）。

表4-13　小组评价表

序号	评价项目	评　价
1	团队合作意识，注重沟通	
2	能相互协作，尊重他人	
3	积极主动，能参加安排的活动	
4	服从教师的安排，遵守工作场所管理规定，遵守纪律	
5	安全、规范操作	
6	能正确理解他人提出的问题	
7	能否保持工作场所的干净整洁	
8	遵守学习场所的规章制度	
9	工作岗位的责任心	
10	全勤	
11	能正确对待肯定和否定的意见	
12	完成了夹具的程序控制	
13	完成年度保养工作情况	
评价人：		年　　月　　日

4. 教师评价（4-14）。

表 4-14　教师评价表

序号	评价项目	评　　价
1	能否准确叙述 GSK 工业机器人火焰切割工作站的组成与工作流程。	
2	能否准确叙述 GSK 工业机器人火焰切割工作站各维护保养项目的维护保养方法和保养时间。	
3	能否通过小组合作制定 GSK 工业机器人火焰切割工作站的维护保养工作计划。	
4	能否根据维护保养项目检查非标设备，更换耗材。	
5	能否使用合适的维护保养方法点检 GSK 机器人和火焰切割总成。	
6	能否根据点检情况，制定维护保养方案。	
7	能否正确更换割嘴、减压阀、流量调节阀、回火阀。	
8	是否安全操作试运行系统，完成工业机器人火焰切割工作站的维护保养工作，记录、存档并评价反馈。	

评价建议：

评价人：　　　　　　　　　　　　　　　　　　　　　　年　　月　　日

二、问题拓展

要对工业机器人火焰切割工作站进行季保和日保时还需要保养哪些内容？

任务五 工业机器人焊接工作站的保养

任务目标

1. 能够叙述工业机器人焊接工作站的组成。
2. 能够叙述工业机器人焊接工作站的工作流程。
3. 能够正确调整焊接柜的焊接参数。
4. 明确焊接工作站的保养内容和方法。
5. 能够通过小组合作的方式制订工业机器人焊接工作站的保养计划。
6. 能够在教师的指导下，根据计划规范完成工业机器人焊接工作站的保养作业。

建议学时 8学时。

内容结构

本任务的内容结构如图5-1所示。

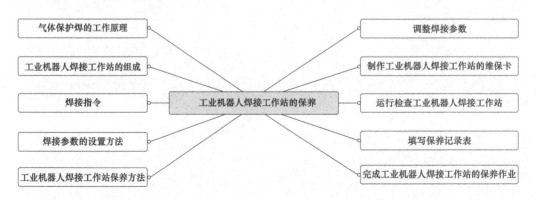

图5-1 内容结构

工业机器人焊接工作站需要定期维护和保养。请根据工业机器人工作站的操作说明书、技术资料等，通过独立或小组合作的方式，明确保养内容，制订工作计划。该计划在实施前须提交主管审核，审批后根据计划规范完成保养作业，并对已完成的工作进行记录、存档。

第一部分　任务准备

一、熟悉系统

焊接是将被焊工件的材质（同种或异种）通过加热或加压（或两者并用），并且用（也可不用）填充材料，使工件的材质达到原子间的结合而形成永久性连接的工艺过程。

引导问题　什么是气体保护电弧焊接？

1. 本工业机器人焊接工作站采用的是哪种气体保护焊？

气体保护电弧焊如图 5-2 所示，是用外加气体作为电弧介质并保护电弧和焊接区的电弧焊，简称气体保护焊。它直接依靠从喷嘴中送出的气流，在电弧周围造成局部的_____层，使电极端部/熔滴/熔池与空气隔离开来，从而保证焊接过程的稳定性，并获得高质量的焊缝。

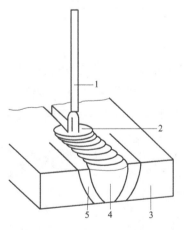

图 5-2　气体保护电弧焊
1—焊条　2—熔池　3—工件　4—焊缝　5—热影响区

非熔化极惰性气体保护电弧焊主要用于薄板焊接，熔化极惰性气体保护电弧焊用于厚度 2mm 以上的薄板及中厚板的焊接。应用最广泛的是_____

和_____。

表 5-1 为常见气体保护电弧焊的分类。

表 5-1　常见气体保护电弧焊的分类

	氩弧焊
非熔化极气体保护电弧焊	氮弧焊
	氢原子焊
	混合气体保护焊
	氩弧焊
	CO_2 保护焊
熔化极气体保护电弧焊	氦弧焊
	氮弧焊
	混合气体保护焊

正接时（焊件接正极，焊条接负极），正离子飞向焊条末端，机械冲击力大，造成大颗粒飞溅；反接时，电子撞击熔滴，飞溅少，故 CO_2 焊时采用直流＿＿＿＿＿＿＿（填写正接/反接）。焊件接＿＿＿＿＿＿＿，焊条接＿＿＿＿＿＿＿＿。

根据焊条直径的大小与采用何种熔滴过渡形式来确定焊接电流。不同直径焊条的焊接电流选择范围见表 5-2。

表 5-2　不同直径焊条的焊接电流选择范围

焊条直径/mm	焊接电流/A	
	颗粒过渡（30～45V）	短路过渡（16～22V）
0.8	150～250	60～160
1.2	200～300	100～175
1.6	350～500	100～180
2.4	500～750	150～200

2. 焊接的类型分为：＿＿＿＿＿＿＿、＿＿＿＿＿＿＿和＿＿＿＿＿＿＿。

3. 供焊接用的 CO_2 气体通常以液态形式装入钢瓶。钢瓶外表面涂有黑色，并写有黄色字 CO_2 的标志。容量为 40L 的气瓶可灌装 26kg 的液体，约占气瓶容积的 80%。当需要获取瓶内 CO_2 余量时，可得称钢瓶重量的办法来完成。气瓶如图 5-3 所示。焊接设备中包括焊接控制器，如图 5-4 和图 5-5 所示。

图 5-3　气瓶

引导问题　工业机器人焊接工作站由哪几部分组成？

一个完整的工业机器人焊接工作站由工业机器人、焊接设备和周边设备等部分组成。

1. 工业机器人焊接工作站的组成。

图 5-4 所示为工业机器人焊接工作站的组成，请在图中相应位置写出其各部分名称。

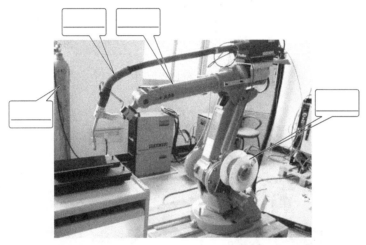

图 5-4　工业机器人焊接工作站

焊接机器人主要包括＿＿＿＿＿＿＿＿和＿＿＿＿＿＿＿＿两部分。＿＿＿＿＿＿＿由机器人本体和控制柜（硬件及软件）组成。

焊接装备（以弧焊及点焊为例）由焊接电源（包括其控制系统）、送丝机（＿＿＿＿＿＿＿）、焊枪（＿＿＿＿＿＿＿）等部分组成。

对于智能机器人还应有传感系统，如激光或摄像传感器及其控制装置等。

（1）FANUC M-10iA 工业机器人（图 5-5 ~ 图 5-7）

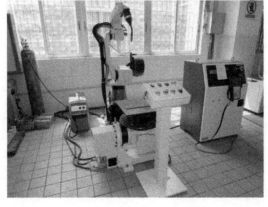

图 5-5　FANUC M-10iA 机器人

89

型号	最大负重/kg	可达半径/mm	重复精度/mm	应用
M-10iA	10	1420	±0.08	机床上下料
M-10iA/6L	6	1632	±0.1	搬运
M-20iA				弧焊
M-20iA/10L	20	1810	±0.08	电动工具部件加工
多功能智能小型机器人	6	2010	±0.1	气动工具部件加工
				摩托车发动机部件加工
				阀体部件加工
				齿轮加工
				不锈钢部件加工
				钻铣中心与机器人配合实例

图 5-6　机器人应用

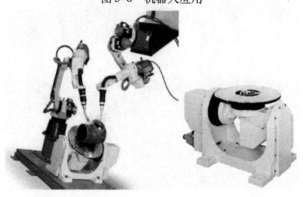

图 5-7　附加轴

FANUC M-10iA 机器人包括附加轴在内共有_____个轴，如何实现机器人六个轴与附加轴的联动？

（2）焊接设备　福尼斯公司是欧洲著名的焊机制造商，目前已成为大众、宝马等汽车集团全球指定产品，其年销量雄居欧洲第一。在我国，福尼斯焊机已广泛应用于汽车、铁路机车、航天、造船、军工等行业，并呈快速增长的趋势。

1）福尼斯焊机如图 5-8 和图 5-9 所示，请在图 5-10 中写出各部分的名称。

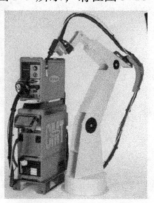

图 5-8　福尼斯焊机

图 5-9　福尼斯（FRONIUS）焊接控制器

FRONIUS FULL ROBOT EQUIPMENT

FRONIUS/KUKA APPLICATION

图 5-10　福尼斯的组成

2）观察图 5-11 所示控制面板，当前示数"5.3"表示＿＿＿＿＿＿＿＿＿＿。其中，A表示＿＿＿＿＿＿＿＿＿，V 表示＿＿＿＿＿＿＿＿＿。

控制面板如图 5-11 所示。

3）焊接前要着重进行以下几项的检查和清理。

①送丝机构是最容易出故障的地方，要仔细检查送丝滚轮压力是否合适，焊丝与导电嘴是否良好，送丝软管是否畅通等。

②焊枪喷嘴的清理。CO_2 焊的飞溅较大，所以喷嘴一经使用，必然粘上许多飞溅金属，这将影响气体的保护效果。为防止飞溅金属粘附在喷嘴上，可在喷嘴上涂硅油或采用机械方法清理。

图 5-11　控制面板

③为了保证继电器触点接触良好，焊接之前应检查触点。若有烧伤则应仔细打磨烧伤处，使其接触良好，同时应注意防尘。

④防止焊丝盘绕。将清理过的焊丝在烘干后按顺序盘绕在焊丝盘内，以免使用时发生缠绕，影响正常送丝。

4) [按钮] 按钮功能是_____。示教盒上的 [SHIFT] + [WIRE ↑] / [WIRE ↓] 按钮组合也能达到同样的功能。

5) 焊接机器人示教盒与普通示教盒的按钮有所不同，如图 5-12 所示。图 5-13 为整合在机器人机构上的送丝机构，图 5-14 为送丝盘。技术人员应能清楚复述相关部件的联系与作用。

图 5-12　焊接机器人示教盒

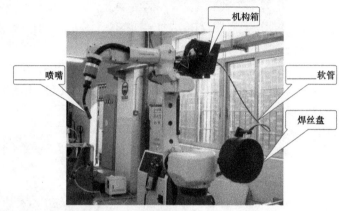

机构箱
喷嘴
软管
焊丝盘

图 5-13　焊接机器人送丝机构

图 5-14　焊丝盘

6) 焊嘴清理可采用涂_____或机械方式，如图 5-15 所示。

2. 焊丝选用的要点。

选择焊丝时要根据被焊钢材种类、焊接部件的质量要求、焊接施工条件成本等综合考虑。焊丝选用要考虑的顺序如下。

1) 根据被焊结构的钢种选择焊丝。对于碳钢及低合金高强钢，主要是按"_____"的原则。

2）根据被焊部件的质量要求选择焊丝。与焊接条件、坡口形状、保护气体混合比等工艺条件有关，要在确保焊接接头性能的前提下，选择达到最大焊接效率及降低焊接成本的焊接材料。

焊丝杆的伸长度是指从焊枪导电嘴到焊丝端头的距离，一般长度为_____倍焊丝直径。如果焊接电流取上限数值,焊丝伸出长度也可适当增大些。焊接后要进行_____的清理，也要剪去已氧化的_____。

图 5-15　焊枪喷嘴的清理

3）根据现场焊接位置，对应被焊工件的板厚选择所使用的焊丝直径，确定所使用的电流值。参考各生产厂的产品介绍资料及使用经验，选择适合于焊接位置及使用电流的焊丝牌号。

二、调整参数

引导问题　如何根据焊接对象设置焊接参数？

要对工业机器人焊接系统进行维护保养则必须懂得如何设定焊接参数。焊接控制柜如何操作？请填写在图 5-16 的方框空白处。

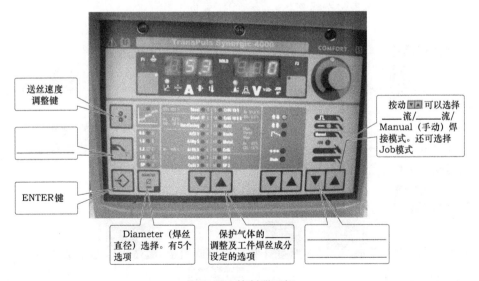

送丝速度调整键

ENTER键

按动▼▲可以选择_____流/_____流/Manual（手动）焊接模式。还可选择Job模式

Diameter（焊丝直径）选择。有5个选项

保护气体的_____调整及工件焊丝成分设定的选项

图 5-16　控制器面板

1. 填写表5-3的指示灯符号含义。

表5-3　指示灯符号含义表

指示灯符号	含　义	指示灯符号	含　义

2. 补充完整"建立直流焊接 Job"的流程。

1）选择＿＿＿＿＿＿＿＿＿＿＿＿＿＿＿＿＿＿＿焊接模式 。

2）保护气体的比例设定选择至 2 →  。

3）选择正确的＿＿＿＿＿＿＿＿＿＿＿＿＿＿＿＿＿直径 。

4）按下 F1 → 选择＿＿＿＿＿＿＿＿＿＿＿＿＿＿＿＿＿→ 数据调整旋钮至2.9A。

5）按下 F3 → ＿＿＿＿＿＿＿＿＿＿＿＿＿＿＿＿＿＿→ 显示为 0.0（此为标准值，系统自带的焊接程序。）

6）选择＿＿＿＿＿＿＿＿＿＿＿＿＿＿＿＿＿→ 调整至 0.0。

7）按下 ENTER 键 → 数据调整旋钮至 显示为 2 → 长按 EN-TER 键 → PRG2（执行内置程序 2） 。

3. 补充完整"Job 修改"的操作流程。

1）同时按住_____键 + F1 ，图 5-17 所示操作界面上出现_____字样。此时通过旋动_____按钮

，可调整 Job 的编号。

图 5-17　操作界面

2）修改 Job 的编号为_____，如图 5-18 所示。

图 5-18　修改 Job 的编号

3）按动_____按钮上下调节显示屏参数选择至图 5-19 的设定界面，然后

旋转_____按钮 ，把参数调整为 7.4。P 为送丝速度，参数 7.4 随着电流变化而调节变化。

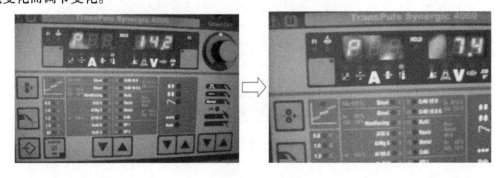

图 5-19　设定界面

4）设置完毕后，按 ENTER 键 退出。

三、编辑程序

引导问题　如何编辑 FANUC 机器人焊接指令？

1. FANUC 机器人有自带的焊接功能指令。合理完整的指令程序可以保证焊接的精度，还可以检查焊接效果。

1）首先建立程序名称，如图 5-20 所示。

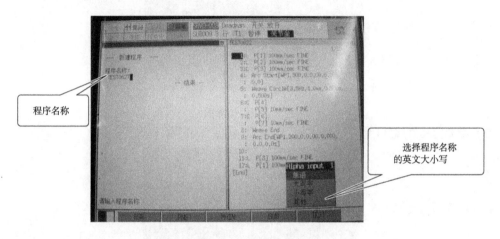

图 5-20　程序命名界面

2）对导电嘴所要经过的路径进行记录。移动机器人导电嘴到焊接开始点之前的轨迹如图 5-21 所示。可对某一点进行注释，方便解读程序，如图 5-22 所示。

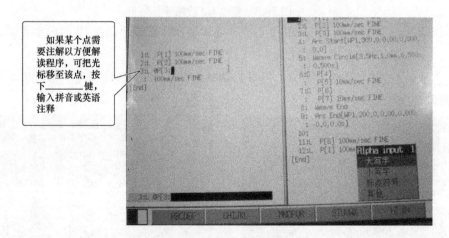

图 5-21　注释记录点界面

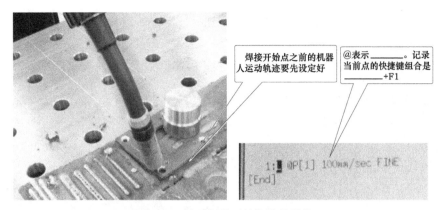

图 5-22　记录焊接开始点前的操作

3）在焊接开始点后编写弧焊开始指令，WP1 为_____的自带默认程序，请在方框中填写数据所代表的参数含义，送线速度设为 150mm/min。焊接开始指令表示开始输出_____（程序步进运行时可检查气道是否正常），但尚未通电弧焊。请填写在图 5-23 的方框空白处。

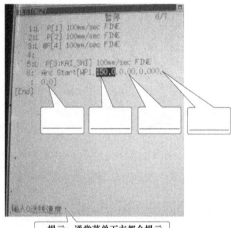

图 5-23　焊接开始指令界面

4）按下_____按钮，出现指令输入界面。选择图 5-24 中的_____
_____指令。

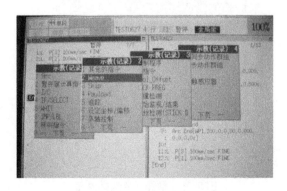

图 5-24　指令输入界面

5）在图 5-25 所示的摆焊指令选择界面中选择"Weave Circle"指令，出现图 5-26 所示的摆焊指令输入界面。

6）设定摆焊指令参数，并在图 5-27 的方框中填写数据的参数含义。

图 5-25　摆焊指令选择界面

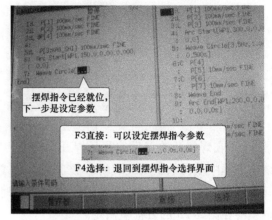

图 5-26　摆焊指令输入界面

图 5-27　摆焊指令参数设定界面

7）输入焊接轨迹。如果轨迹为直线，则可取两个参考点；如果轨迹是圆弧，则可取多个参考点。

8）输入_____指令"Weave End"，如图 5-28 所示。

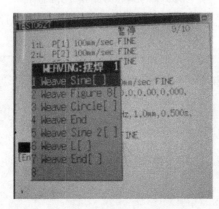

图 5-28　摆焊指令选择界面

9）输入＿＿＿＿＿＿＿＿＿指令"Arc End"，如图 5-29 所示。

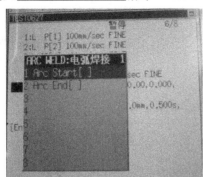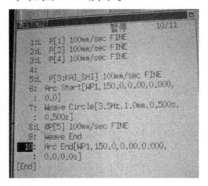

图 5-29　输入焊接结束指令界面

10）在焊接结束指令后编写离开点及回原点指令，如图 5-30 所示。

图 5-30　总程序界面

11）单步运行检查程序。

12）戴上防护面罩或防护眼镜开始焊接钢板。

2. 观察焊接效果，调整焊接参数并记录（表 5-4）。

表 5-4　焊接参数优化

序　号	焊接参数	效　果
第一次		
第二次		
填写人（签名）：		年　月　日

第二部分　计划与实施

一、制订计划

 引导问题　工业机器人焊接工作站的保养内容有哪些？

认真执行设备的维护保养规程，对延长设备使用寿命、保证安全生产和营造舒适的工作环境非常重要。机器人焊接工作站需要保养的内容有哪些？请根据设备维护保养资料并参考其他设备的维护保养制度，制订工业机器人焊接工作站的日保、半年保、年保和三年保计划。

1. 日常保养（表5-5）。

表5-5 日常维护保养表

设备名称	维保项目	工 具	异 常 情 况
保护气体			
送丝机构			
焊机			
机器人			
变位机			
控制柜			
填写人（签名）：		年 月 日	

2. 半年保（表5-6）。

表5-6　半年保维护保养表

设 备 名 称	维 保 项 目	工　　具	异 常 情 况
填写人（签名）：		年　　月　　日	

3. 年保（表5-7）。

表5-7　年保维护保养表

设 备 名 称	维 保 项 目	工　　具	异 常 情 况
填写人（签名）：		年　　月　　日	

4. 三年保（表5-8）。

表5-8　三年保维护保养表

设备名称	维保项目	工　具	异常情况
填写人（签名）：		年　　月　　日	

二、实施维护保养计划

引导问题　工业机器人焊接工作站进行维护保养作业时应该注意哪些安全事项？

请根据制订的年度保养计划，选用合适的工具完成年度保养工作，在操作过程中务必注意安全，并做好记录。

1. 安全事项

1）焊接切割作业前，必须将作业环境10m范围内所有易燃易爆物品清理干净。此外，还应注意作业环境的地沟、下水道内有无可燃液体和可燃气体，以及是否有可能泄漏到地沟和下水道内的可燃易爆物质，以防由于焊渣、金属火星引起灾害事故。

2）应使用符合国家标准的气瓶。在气瓶的储存、运输、使用等环节应严格遵守安全操作规程。

3）对输送可燃气体和助燃气体的管道应按规定安装、使用和管理，对操作人员和检查人员应进行专门的安全技术培训。

4）焊补燃料容器和管道时，应结合实际情况确定焊补方法。实施置换法时，置换应彻底，工作中应严格控制可燃物质的含量。实施带压不置换法时，应按要求保持一定的电压。工作中应严格控制其含氧量。要加强检测，注意监护，要有安全组织措施。

2. 明确分工（表5-9）。

表5-9　任务分工表

序号	工作内容	负责人
1		
2		
3		
4		
5		
6		
组长（签名）：		年　　月　　日

3. 请把制订的工业机器人焊接工作站年保维护保养卡粘贴在下面空白处，并按照年保维护保养卡进行工业机器人焊接工作站保养作业。

年保维护保养卡

第三部分　评　价　与　反　馈

一、异常信息反馈

引导问题　在维护保养过程中如何对异常信息进行记录?

1. 根据所制订的维护保养卡，选用正确的工具、材料完成工业机器人焊接工作站的保养作业，并记录异常信息（表5-10）。

表5-10　维护保养作业异常信息记录表

1.		
2.		
3.		
4.		
5.		
填写人（签名）：	年　月　日	

2. 根据本次任务的完成情况填写评价表。

1）自我评价（表5-11）。

表5-11　自我评价表

序号	评价项目	评价
1	能否按时完成工作页	
2	能否正确调整焊机的参数	
3	安全操作	
4	着装是否符合标准	
5	能否制订保养卡	
6	能否正确示教机器人	
7	是否主动参与工作现场的清洁和整理工作	
8	能否完成年保保养作业	
评价人（签名）：		年　　月　　日

2）小组评价（表5-12）。

表5-12　小组评价表

序号	评价项目	评价
1	独立完成的任务	
2	团队合作意识，注重沟通	
3	学习态度积极主动，能参加安排的活动	
4	是否遵守工作场所的规章制度	
5	是否能保持工作场所的干净整洁	
6	是否能正确对待肯定和否定的意见	
7	是否能正确地领会他人提出的学习问题	
8	完成保养作业	
评价人（签名）：		年　　月　　日

3）教师评价（表5-13）。

表5-13　教师评价表

序号	评价项目	评价
1	规范制作点检表	
2	点检表内容完备	
3	正确调整焊机的参数	
4	正确完成点检表所提出的保养内容	
5	做好保养记录，对需维修或更换器件提出合理建议	
6		
7		
8		
评语：		
评价人（签名）：		年　　月　　日

二、拓展学习

如果工业机器人焊接工作站的使用时间已经超过 5 年，那么还需要补充什么保养内容？

任务六　三向机器人工作岛的保养

建议学时

4 学时。

内容结构

本任务的内容结构如图 6-1 所示。

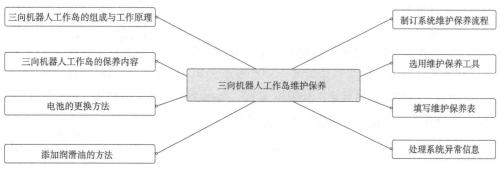

图 6-1　内容结构

> **任务描述**
>
> 　　维护保养工作人员需根据操作说明书提供的维护保养卡内容，选择合适的工具，在规定的维护保养时间内制订有效的保养措施，制订三向机器人工作岛汽车生产线模拟系统的保养流程，自定维护保养内容，按时统计系统故障，更换耗材。对已完成的工作进行记录、存档并反馈给制造商。在工作过程中工作人员需自觉保持安全作业，遵守6S的工作要求。

第一部分　任 务 准 备

一、熟悉系统

引导问题　汽车生产是一种非常复杂的过程。汽车车窗装配作为其中的一道工序，其生产线是如何工作的？

1. 图6-2所示是一个汽车车窗装配的模拟生产单元，该单元主要由几部分组成？它们的名称是什么呢？

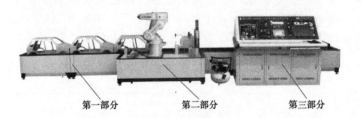

第一部分　　　　第二部分　　　　第三部分

图6-2　汽车车窗装配生产单元

该生产单元主要由_____部分构成，请在下面的横线处填写各部分的名称。

1）第一部分名称：_____。

2）第二部分名称：_____。

3）第三部分名称：_____。

2. 汽车车窗模拟生产线单元各部分在车窗搬运过程中的主要功能是什么？

1）如图6-3所示，该部分使用了三相变频电动机驱动电动机运转，输送汽车模型。本结构采用的三菱变频器型号是FR-E740系列，传送带采用同步齿形带＋滚筒模式。

第一部分在汽车车窗搬运过程中的功能是什么？

_____

_____。

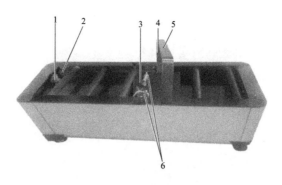

图6-3　传动部分结构图

1—复位到位传感器　2—交流电动机　3—检测到位传感器　4—检测单元　5—档位气缸　6—龙门架

2）如图6-4所示，机器人生产单元中主要由吸嘴式搬运机构搬运有机玻璃，由气动风批和气动抓手配合将螺栓装配到天窗盖上。

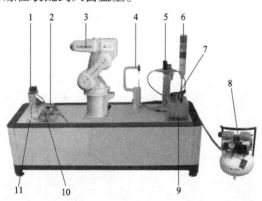

图6-4　机器人生产单元

1—条码扫描仪　2—螺栓盘　3—FANUC机器人　4—焊接执行机构　5—气动三联件　6—报警信号指示灯

7—电磁阀　8—空气压缩机　9—焊接电容　10—搬运执行机构　11—模拟天窗

第二部分在车窗搬运中的功能是＿＿＿＿＿＿＿＿＿＿＿＿＿＿＿＿＿＿＿＿＿＿＿＿＿＿

＿＿

＿＿

＿＿

3）图6-5所示控制台主要由包括电源指示、漏电保护断路器、电源启动开关、急停按钮、触摸屏、机器人控制器、示教器和计算机显示器。

第三部分的功能是＿＿＿＿＿＿＿＿＿＿＿＿＿＿＿＿＿＿＿＿＿＿＿＿＿＿＿＿＿＿＿＿

＿＿

＿＿

＿＿

3. 汽车车窗搬运过程中，工业机器人本身能不能完成车窗搬运工作？如果要完成搬运工作还需要哪些外部构件？

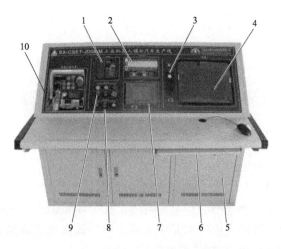

图 6-5　控制台

1—变频器　2—FX2N-64MR　3—电脑控制区　4—电脑显示控制区　5—电脑主机位　6—键盘抽屉区

7—触摸屏控制区　8—系统控制区　9—系统电源控制区　10—机器人控制器

1）机器人末端需与各种夹具或工具连接在一起才能工作，本机器人采用的夹具如图 6-6 所示，夹具各部分的名称和功能是什么？请完成表 6-1。

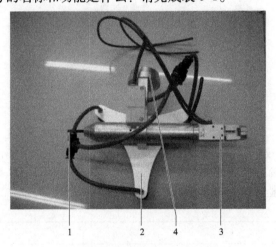

图 6-6　夹具

表 6-1　夹具功能对照表

序号	名　　称	功　　能
1		在汽车装配中用来安装螺栓
2		
3		用来夹取零件
4	法兰盘	

2）工业机器人如图 6-7 所示，需要法兰盘和夹具连接才能工作，请将机器人各轴的对应关系填入表 6-2。

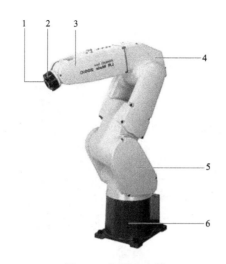

图 6-7　机器人本体

表 6-2　机器人轴对照表

序　号	1	2	3	4	5	6
轴名称		五轴		三轴		

3）在汽车车窗搬运过程中需要机器人_____轴和夹具_____部位相连接。

4）在汽车车窗搬运过程中夹具是通过_____部位搬运玻璃，这样搬运的优点是什么？

_____

5）在汽车车窗搬运过程中，夹具的动力源来自_____，正常工作的压力为_____，如图 6-8 所示。

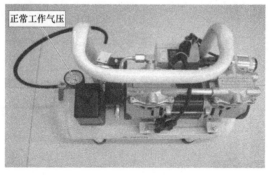

图 6-8　气泵

二、制订维护保养卡

 引导问题　如何制订三向机器人岛的维护保养卡？

1. 三向机器人工作岛需要维护保养哪些内容? 这些维护保养点的维护保养周期各是多长? 请参照图6-9,并根据设备的特点完成表6-3。

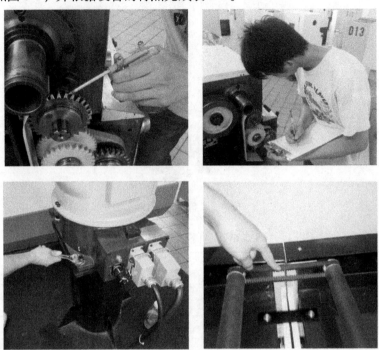

图6-9　维护保养作业

表6-3　三向机器人工作岛维护保养卡

设 备 名 称	维护保养项目	维护保养周期	异　　常	备　　注

（续）

设 备 名 称	维护保养项目	维护保养周期	异　　常	备　　注

填写人（签名）：　　　　　　　　　　　　　　　　　　　年　　月　　日

三、明确维护保养异常处理方法

引导问题 机器人维护保养的过程中，如果出现由于数据丢失而无法正常工作，需要怎样处理？

1. 机器人每工作三年或工作 10 000h，需要更换 J1、J2、J3、J4、J5、J6 轴减速器润滑油和 J4 轴齿轮盒的润滑油。

具体步骤如下：

1）机器人关电。

2）拔掉出油口_____。

3）从加油嘴（图 6-10）处加入_____，直到出油口处有新的润滑油_____，停止加油。

4）让机器人被加油的轴反复转动，动作一段时间，直到没有油从出油口处流出。

5）把出油口的塞子_____。

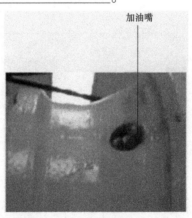

图 6-10　加油嘴

错误的操作将会导致密封圈的损坏。为避免发生错误的操作，操作人员应考虑以下几点。

1）更换润滑油之前，要将出油口塞子拔掉。

2）使用手动油枪缓慢加入。

3）避免使用工厂提供的压缩空气作为油枪的动力源，如果非要不可，压力必须控制在 75kgf（1kgf = 9.806 65N）/cm^2 以内，流量必须控制在 15m^3/s 以内。

4）必须使用规定的_____，其他润滑油会损坏减速器。

5）更换完成，确认没有润滑油从出油口流出，将出油口塞子_____。

6）为了防止滑倒事故的发生，应将机器人和地板上的油迹彻底_____。

2. 如图 6-11 所示，文件是数据在机器人控制柜存储器内的存储单元。定时备份机器人的数据，可以防止由于机器人电池失电丢失数据造成损失。

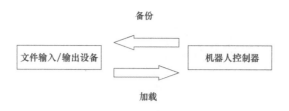

图 6-11　文件传输

1）按下示教盒的＿＿＿＿＿＿＿＿＿＿键，显示屏出现如图 6-12 所示的界面。

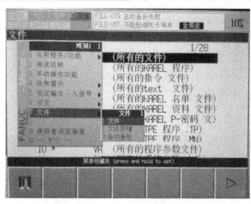

图 6-12　文件加载

2）选择第 7 项"文件-文件"按下＿＿＿＿＿＿＿＿＿＿键进入如图 6-13 所示的界面。

3）按下 F4 键可以进行备份，载入备份文件可按下＿＿＿＿＿＿＿＿＿＿键，如图 6-14 所示。

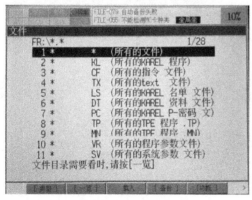

图 6-13　文件加载

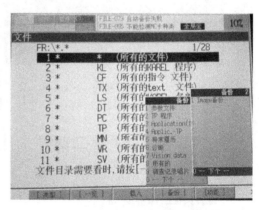

图 6-14　文件备份

4）可以选择相应的备份项目完成备份。

3. 程序和系统变量存储在主板上的 SRAM 中，由一节位于主板上的锂电池供电，以保存数据。

1）控制器主板上的电池。在 TP 上显示报警（SYST-035 Low or No Battery Power in PSU）说明电池的＿＿＿＿＿＿＿＿＿＿不足，这时需要更换电池，如图 6-15 所示。

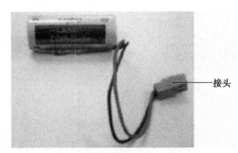

图6-15 电池

①准备一节新的_____ V 锂电池（推荐使用 FANUC 原装电池）。

②机器人通电开机正常后，等待_____ s。

③机器人关电，打开控制器柜，拔下接头，取下主板上的旧电池。

④装上新电池，插好接头。

2）更换机器人本体电池，如图6-16所示。

①保持机器人电源开启，按下机器_____按钮。

②打开电池盒的盖子，拿出_____。

③换上新电池（推荐使用 FANUC 原装电池），注意不要装错正负极（电池盒的盖子上有标识）。

④盖好电池盒的盖子，上好螺钉。

电池盒

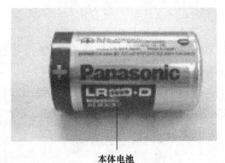

本体电池

图6-16 更换电池

第二部分 计划与实施

一、制订维护保养计划

 引导问题 在实施维护保养作业之前需要注意什么？三向机器人工作岛的维护保养卡应设计哪些维护保养内容？

1. 三向机器人工作岛模拟汽车生产线设备维护保养的要求需要注意哪些？

1）清洁：设备内外整洁，各_____处无油污，各部位_____，设备周围的切屑、杂物、脏物要清扫干净。

2）整齐：工具、附件、配件要放置_____、线路清晰。

3）润滑良好：按时_____，不断油，无干摩擦现象，油压正常，油标明亮，油路畅通，油质符合_____，油枪、油杯、油毡清洁。

4）安全：遵守安全操作规程，不超负荷使用_____，设备的安全防护装置_____，及时消除不安全因素。

5）稳定：日常和定期对设备进行保养和维护，能够保证设备正确使用减少了_____，保证了系统的稳定性。

6）记录：由于易损件需要定期更换，因此需要做好定期更换的记录，检查备品。

2. 根据三向机器人工作岛的结构特点，补充设计其年保维护保养卡（表6-4）。

表6-4　三向机器人岛年保维护保养卡

设 备 名 称	维护保养项目	异　　常	备　　注
填写人（签名）：			年　　月　　日

3. 三向机器人工作岛系统有_____个维护保养点，需用到的工具都有哪些？使用时应注意什么问题？请完成表6-5。

表6-5 工具领用表

保养点	使用工具	注意事项

填写人（签名）：　　　　　　　　　　　　　　　　年　　月　　日

4. 请将三向机器人工作岛维护保养小组分工安排填入表6-6中。

表6-6 ____小组工作分工安排

序　　号	工 作 内 容	负 责 人
1		
2		
3		
4		
5		
6		

组长：　　　　　　　　　　　　　　　　　年　　月　　日

5. 制订三向机器人工作岛年保维护保养流程，填入表6-7中。

表6-7 三向机器人工作岛年保维护保养流程

流程表/流程图

说明：	制订人：　　　　　年　　月　　日

二、实施维护保养作业

引导问题　请根据小组讨论完善的维护保养卡实施三向机器人岛的年度保养工作，检查保养的效果。

1. 完成工具及材料领用检查表（表6-8）

表6-8　工具及材料领用检查表

保　养　点	工具或材料	备　　注

2. 请按制订的三向机器人工作岛维护保养卡进行维护保养作业，并按照表6-9对三向机器人工作岛的维护保养情况进行检查。

表 6-9　三向机器人工作岛年度维护保养检查表

名称	检 查 项 目	检查情况（异常情况）	处理方法及结果
机器人			

（续）

名称	检 查 项 目	检查情况（异常情况）	处理方法及结果
输送带			
气压传动系统			

（续）

名称	检 查 项 目	检查情况（异常情况）	处理方法及结果
主控制台			
检查时间		维护保养组意见	
检查人员			
检查结果		年　月　日	

3. 在处理完系统的异常信息之后，需要对系统进行最后的整理和清洁，并将清理工作填入表 6-10 中。

表 6-10　清理工作检查表

序号	清 理 工 作

第三部分　评 价 与 反 馈

一、评价信息反馈

 引导问题　维护保养工作完成后，对出现的异常信息进行汇集，为以后设备的维修和管理保留可供参考的资料。

1. 请将所有的异常信息汇总填入三向机器人岛保养异常信息记录表（表6-11），并交付相关部门存档、反馈。

表6-11　　＿＿＿异常信息记录表

异 常 信 息	备　　注
其他	
记录人： 　　　　　年　　月　　日	点检员： 　　　　　年　　月　　日

2. 自我评价（表6-12）。

　　班级：_____　　姓名：_____　　任务名称：_____

表6-12　自我评价表

自我评价表				
序号	评价项目	是	否	
1	能否完成工作页的任务准备部分			
2	能否正确使用维护保养工具			
3	能否按照流程进行年度保养工作			
4	能否注意安全生产			
5	工作着装是否规范			
6	是否主动参与工作现场的清洁和整理工作			
7	是否主动帮助同学			
8	是否完成了三向机器人工作岛的年保维护保养作业			
9	是否完成了清洁工具和维护工具的摆放			
10	对自己的表现是否满意			
11	能否正确使用六角扳手等工具			
12	是否能完成工作页的填写			
评价人：		年　月　日		

3. 小组评价（表6-13）。

表6-13　小组评价表

小组评价表		
序号	评价项目	评　价
1	团队合作意识，注重沟通	
2	能工作学习及相互协作，尊重他人	
3	工作态度积极主动	
4	服从教师的安排，遵守工作场所的管理规定，遵守纪律	
5	能正确理解他人提出的问题	
6	能否保持工作场所的干净整洁	
7	遵守工作场所的规章制度	
8	工作岗位的责任心	
9	全勤	
10	能很好地完成任务准备部分的学习	
11	能严格按照要求制订维护保养计划，实施维护保养作业	
12	完成了夹具的程序控制	
评价人：		年　月　日

4. 教师评价（表6-14）。

表6-14 教师评价表

序号	评价项目	评价
1	能否准确叙述三向机器人工作岛的组成与工作原理	
2	能否制订完善的维护保养卡内容	
3	能否通过小组合作制订三向机器人工作岛的年保工作流程	
4	能否选择合适的维护保养方法检查设备	
5	能否准确记录异常信息	
6	能否正确操作三向机器人工作岛	
7	能否给机器人更换电池，加注润滑油	
8	是否顺利完成三向机器人工作岛的维护保养工作，记录、存档并评价反馈	
9	能否按照6S规范操作	
评价建议：		
评价人：　　　　　　　　　　　　　　　　年　　月　　日		

二、学习拓展

如果需要对三向机器人工作岛的维护保养表设计到 5 年以上，还需要做哪些保养工作？

附　录

FANUC 工业机器人维护保养表

检修和更换项目		运转时间 检修时间	3 个月	6 个月	9 个月	1 年	2 年	4 年
机构部	1 露出的连接器是否松动	0.2h	○			○	○	○
	2 末端执行器安装螺栓的紧固	0.2h	○			○	○	○
	3 盖板安装螺栓、外部主要螺栓的紧固	2.0h	○			○	○	○
	4 机械式制动器的检修	0.1h	○			○	○	○
	5 垃圾、灰尘等的清除	1.0h	○	○	○	○	○	○
	6 机械手电缆、外设电池电缆的检查	0.1h	○			○	○	○
	7 电池的更换	0.1h				●	●	●
	8 各轴减速机的供脂	0.5h					●	●
	9 机构部内电缆的更换	4.0h						●
控制装置	10 示教操盘以及操作箱连接电缆有无损伤	0.2h	○			○	○	○
	11 通风口的清洁	0.2h	○	○	○	○	○	○
	12 电池的更换	0.1h						●

注：●表示需要准备部件的项目。○表示不需要准备部件的项目。

参 考 文 献

［1］SMC中国有限公司.SMC培训教材：现代实用气动技术［M］.3版.北京：机械工业出版社，2008.

［2］叶晖，管小清.工业机器人实操与应用技巧［M］.北京：机械工业出版社，2010.